CES OGM QUI CHANGENT LE MONDE

DU MÊME AUTEUR

Génétiquement incorrect, Flammarion, 2003.
Le Sursis de l'espèce humaine, Belfond, 1997 (Prix Philips-Science Frontières).
L'Évolution de la matière, de la naissance de l'univers à l'ADN, Pocket, coll. « Explora », 1994.

Participation à des ouvrages collectifs :
Dictionnaire des risques, approche socio-anthropologique, Armand Colin, 2003.
La Guerre au vivant, Agone, 2001.
Les Organismes génétiquement modifiés face au droit, Annonces de la Seine, 2000.
Transgénique : le temps des manipulations, Frison-Roche, 1998.
Génie génétique, des chercheurs citoyens s'expriment, Sang de la Terre, 1997.

Une partie de cet ouvrage a fait l'objet d'une première publication sous le titre *OGM, le vrai débat* (Flammarion, 2000, Prix Denis Guichard de la Fondation de France). Le texte a été actualisé et considérablement augmenté pour la présente édition.

ISBN : 978-2-0808-0062-6

Gilles-Éric Séralini

CES OGM QUI CHANGENT LE MONDE

à Chantal Bariel
en souvenir
6/2/08
[illegible]

FLAMMARION

La première fois qu'apparaît un mot relevant d'un vocabulaire spécialisé, il est suivi d'un astérisque. On trouvera sa définition dans le glossaire p. 207.

INTRODUCTION

Caressée par l'océan Atlantique et les vagues de chaleur, Banjul, capitale de la Gambie : le 9 juin 2004, ce petit État d'Afrique devient le centième à ratifier le protocole international de biosécurité [1] contrôlant les échanges d'organismes génétiquement modifiés (OGM) vivants [2]. Les trois principaux producteurs du monde, les États-Unis, l'Argentine et le Canada, qui exploitent à eux seuls 90 % de ces cultures, n'ont pas voulu s'associer à cet accord adopté à Carthagène en 2000 et soutenu par le programme des Nations unies pour l'environnement.

Les OGM, protégés par des brevets détenus par quelques multinationales, ont été conçus dès les années 1980 pour remplacer à l'échelle mon-

1. www.biodiv.org. Nous reviendrons plus loin sur ce protocole (voir p. 63).

2. On désigne ainsi les organismes génétiquement modifiés qui peuvent généralement se reproduire (certaines semences, récoltes, microbes, animaux) et non les produits issus d'OGM.

diale les plantes qui sont à la base de l'alimentation animale et humaine (en particulier le soja et le maïs[1]). Les principaux pays producteurs n'ont pas établi de réglementation pour que les aliments issus de semences génétiquement modifiées soient étiquetés et ainsi distingués des autres. Cent trente pays, dont ceux de l'Union européenne, ont décidé au contraire de les évaluer spécifiquement, de les détecter et les identifier dans les produits importés grâce à des méthodes et selon des critères qu'il revient néanmoins à chacun de définir : après quarante années de progrès constants dans le domaine agroalimentaire, ils ont décidé de pouvoir dire au consommateur ce qu'il mange vraiment et lui donner le choix. Ces nations ont ainsi suivi les opinions publiques, devenues sensibles aux questions d'environnement et aux orientations de société.

Désormais, l'humain, seul être vivant capable d'observer ses cellules et de s'émerveiller du spectacle, fabrique des bactéries, des virus, des plantes mais aussi des animaux hybrides et même « chimériques », qui ont hérité de caractères transmissibles provenant de l'intimité génétique d'espèces diverses. Ce der-

1. Sous forme de tourteaux de soja et de maïs (alimentation animale), et de lécithine de soja et d'amidon de maïs (alimentation humaine et animale).

nier point illustre la différence radicale, que nous expliciterons, entre les manipulations génétiques et les hybridations (et sélections d'espèces) qui avaient jusque-là façonné l'évolution de l'agriculture. Il s'agit cette fois d'un changement d'échelle sans précédent : insérer un gène * humain, un gène de chien ou de microbe dans du maïs est devenu réalité [1]. Jamais possibilité n'a été bouleversante à ce point, ni susceptible de toucher toutes les espèces.

En février 2004, une vive contestation ouvre à Kuala Lumpur (Malaisie) une conférence internationale sur les OGM : ces organismes y sont présentés tantôt comme une monstruosité, tantôt comme une réponse à la faim dans le monde et à la croissance de la population. Les enjeux sont de tous ordres : économiques, environnementaux, sanitaires, politiques, scientifiques, éthiques, réglementaires mais aussi juridiques, sociaux et religieux. La question, en effet, révolutionne notre conception du vivant : pour la première fois, l'humanité exploite industriellement des formes de vie nouvelles à partir de gènes artificiels issus de tous les règnes ; et ce, grâce à des procédés

1. Ces gènes sont utilisés dans des maïs OGM pour la production de produits pharmaceutiques (gène humain, gène de chien) et d'insecticides (gène de microbe).

qui traversent les barrières sexuelles pour modifier les patrimoines héréditaires. Technique puissante s'il en est…

Il serait donc bien irrationnel de penser que la transgenèse * ne présente aucun avantage ou au contraire aucun risque. D'ailleurs, le phénomène OGM ne cesse de diviser la planète, et la tension monte toujours : les manifestations se multiplient lors des conférences internationales, tout comme les actions de Greenpeace (arraisonnements de cargos livrant des OGM non autorisés ou non déclarés) et les arrachages intempestifs de champs d'OGM au Japon, en Europe ou en Inde qui mènent parfois leurs auteurs en prison ; en mars 2004, l'Angola va jusqu'à refuser l'aide alimentaire (récoltes OGM) proposée par les États-Unis. Selon Action internationale contre la faim (AICF), l'aide américaine contient régulièrement des OGM non étiquetés. Les pétitions internationales comme les témoignages de chercheurs pour et contre font rage. Tout se précipite.

En fait, le sujet est souvent mal cerné car on confond encore trop les OGM destinés à être cultivés en plein champ, commercialisés et consommés, et ceux confinés en laboratoire, essentiellement des micro-organismes [1], qui,

1. Mais aussi des animaux comme les souris, des plantes, des levures, virus, bactéries, etc.

depuis les années 1975, sont utilisés pour comprendre la structure et le rôle des gènes, leurs régulations. Pas de gène bien connu qui n'ait été un jour transféré dans une bactérie devenue ainsi OGM, ne serait-ce que pour reproduire le gène en quantité avant de l'étudier. Peu de micro-organismes ainsi modifiés ont une vocation industrielle. Lorsque tel est le cas, pour l'élaboration de médicaments (l'insuline, notamment), la traçabilité existe de fait grâce au suivi et à la prescription médicale. En revanche, pour les micro-organismes transformés qui produisent certains additifs alimentaires (enzymes pour la maturation des fromages et de la bière, ou arômes par exemple), cette traçabilité est beaucoup plus aléatoire, car l'origine des produits et de leurs destinataires sont moins suivis. Mais elle est possible.

Les OGM cultivés dans le monde depuis 1995, ceux qui font le plus souvent débat, n'entrent pas dans cette catégorie. Ils se trouvent, selon la formulation consacrée, « disséminés volontairement dans l'environnement », et possèdent des transgènes qui dérivent en revanche de combinaisons artificielles d'ADN de plusieurs organismes et, comme nous le verrons, 99 % d'entre eux ont été conçus pour tolérer de hautes doses d'herbicide ou produire leur propre insecticide, et faciliter ou simplifier ainsi l'usage des pesticides, pas nécessairement d'en réduire le taux.

Cette confusion entre les différents OGM et leurs objectifs explique d'ailleurs pourquoi la justice a parfois du mal à trancher lorsque des autorités territoriales engagent des actions pour faire interdire les cultures d'OGM – c'est le cas en France (en quelques années, près de 2 000 maires ont pris des arrêtés contre les expérimentations d'OGM autorisées par le gouvernement), en Argentine, au Brésil ou aux États-Unis –, ou lorsque la société civile exige leur étiquetage contre l'avis d'organismes réglementaires ou de gouvernements – comme au Canada, aux États-Unis, en Europe ou au Japon.

Pendant ce temps, les cultures génétiquement modifiées continuent de s'étendre : elles ont atteint près de 70 millions d'hectares en moins de dix ans (ce qui représente à peine quelques pour cent des surfaces cultivées de la planète), et sont surtout destinées à nourrir le bétail des pays riches. On en trouve dans toutes les zones d'agriculture intensive, et près de sept millions d'agriculteurs s'y emploient dont les trois quarts vivent dans les pays en voie de développement avec de faibles revenus. Mais les cultures OGM ne sont pas réparties uniformément sur le globe : 94 % sont plantées sur tout le continent américain [1], 4 % en Chine, où l'on sème principalement des cotons

1. Amériques du Nord, centrale et du Sud.

OGM. Vingt ans après leur conception, les OGM commercialisés se résument surtout à quatre plantes : le soja et le maïs en premier lieu, puis le colza et le coton (qui représentent respectivement 61, 23, 11 et 5 % de la production d'OGM[1] en 2003).

Ces chiffres ne doivent pas masquer l'importance de l'enjeu économique. Tout d'abord, depuis vingt ans, les agrochimistes vendeurs de pesticides investissent la majorité de leurs bénéfices dans cette technologie. Ils attendent impatiemment une levée du moratoire européen. En effet, l'Europe, en n'autorisant plus d'OGM à la culture de 1999 à 2004, leur a fait perdre une première manche redoutable sur le Vieux Continent dont ils convoitaient le marché. Les seules grandes cultures autorisées en Europe depuis 1998 sont des variétés de maïs et ne représentent en fait que 0,01 % des surfaces agricoles[2]. Durant ces années de moratoire, l'Union européenne a mis au point un système d'étiquetage et de traçabilité d'OGM qui a servi de modèle à de nombreux pays. Et le nouveau protocole de Carthagène a permis à

1. Pour ces statistiques, voir notamment wwww.isaaa.org.

2. Soit quelques centaines de fois moins que l'agriculture biologique (de 1 à environ 5 % des cultures selon les pays d'Europe) qui, elle, n'utilise pas de pesticides de synthèse.

l'Union de sélectionner davantage ses importations.

Cette résistance de l'Europe est à l'origine de très lourdes pertes financières pour les grandes sociétés de biotechnologies * et les exploitations agricoles exportatrices nord-américaines et canadiennes. (Ces pertes sont en partie compensées par les États, qui investissent dans ces domaines pour stimuler la recherche, favoriser la création et le développement d'entreprises, en leur permettant notamment de racheter à des prix intéressants des brevets déposés par des chercheurs du secteur public.) Qui plus est, selon des rapports de plus en plus nombreux, ces cultures ne tiennent pas leurs promesses : les rendements et la qualité de certaines récoltes en Argentine et en Inde sont inférieurs aux prévisions ; en Indonésie et en Inde, des champs entiers de coton, par exemple, ont été ravagés par des insectes, alors même que les semences cultivées, produisant un insecticide spécifique, auraient dû en être protégées. Malgré ces échecs, les dirigeants de grosses exploitations agricoles sur le continent américain sont satisfaits des cultures d'OGM, car celles-ci allègent en partie leur travail (simplification des épandages de pesticides) : selon des sondages, ils seraient cependant une majorité à préférer une identification satisfaisante des récoltes afin de mieux les valoriser outre-Atlantique et de faciliter les exportations – certains ont déjà commencé à effectuer eux-mêmes le triage entre récoltes OGM et non OGM. Mais les contaminations intempestives sont légion.

Il y a plus grave encore : des enquêtes sur les dossiers d'autorisation en Europe, au Japon et au Canada révèlent que les risques sanitaires pour l'homme et l'animal sont mal étudiés, mal évalués, voire occultés. Même la Food and Drug Administration (FDA *) aux États-Unis a été mise en cause[1]. Des instances d'évaluation, des groupements médicaux et scientifiques jugent les critères d'évaluation de la toxicité des OGM insuffisants dans plusieurs autres pays. De leur côté, les sociétés semencières, qui ont maille à partir avec l'opinion publique, feignent l'ignorance : elles convoitent les brevets sur les gènes artificiels à la base de la majorité des variétés de soja, maïs, blé, riz et colza. Ces brevets leur permettraient de contrôler plus de 50 % de

1. En 1998, un procès attenté à la FDA par un groupe de défense des consommateurs américains a abouti à la condamnation de cet organisme : la FDA fut obligée de rendre publics des rapports internes montrant que l'autorisation qu'elle avait délivrée pour la culture d'une tomate transgénique en 1994 allait à l'encontre de l'avis des scientifiques consultés pour évaluer la sécurité sanitaire de cet aliment. Source : *InfOGM* n° 51, mars 2004.

l'énergie alimentaire mondiale, cas unique dans l'Histoire !

Pourtant, avant d'obtenir l'autorisation de planter à des fins commerciales un OGM, il est nécessaire de procéder à des expériences afin de s'assurer de la sécurité sanitaire et environnementale. Lors de ces évaluations, les clés sont détenues par un petit nombre de scientifiques à travers le monde qui rendent rentables ou non de tels projets par leurs niveaux d'exigence ; ces tests peuvent en effet coûter très cher. Du coup les enjeux techniques, sanitaires et environnementaux se trouvent concentrés dans quelques mains, alors que personne ne veut en assumer les risques.

La collaboration des scientifiques avec les industriels a été favorisée depuis quelques décennies par les autorités publiques des pays riches. Jugeant que les biotechnologies avaient un fort potentiel économique, elles ont soutenu financièrement des projets de recherche, accordé des bourses de doctorat et créé des structures subventionnées par des fonds publics et privés [1]. Parallèlement, les chercheurs indépendants, qui peuvent mener des expertises contradictoires, n'ont pas été aidés à la même hauteur. Depuis 2000, les contrôles se sont toutefois durcis à l'OMS *, à

1. Par exemple, en France, la plate-forme biotechnologique Genoplante.

l'ONU et en Europe, même si, nous le verrons, ils restent insuffisants. Avant que la nourriture de milliards d'êtres humains, enfants, adultes et vieillards bien portants ou malades, contienne des aliments génétiquement modifiés ou leurs extraits (amidon, lécithine), il semblerait logique de rendre *obligatoires* entre autres des tests sur des rats d'une durée minimale de trois mois durant lesquels ces animaux recevraient une nourriture à base de plantes transgéniques. De même, il serait nécessaire de vérifier si des OGM expérimentés en milieu ouvert n'ont pas contaminé les champs voisins. Nous nous attacherons à porter au grand jour les pièces du débat.

Or les organismes transgéniques * commercialisés et disséminés dans l'environnement demeurent à plus de 99 % des plantes modifiées dans le seul but de tolérer ou de produire des pesticides, alors que des promesses publicitaires et scientifiques se focalisent depuis vingt ans sur leurs prétendus avantages : de la rentabilité accrue aux productions de vitamines, en passant par la résistance aux maladies, au gel, à la sécheresse ou la réduction d'engrais. En réalité, quels sont les OGM exploités commercialement après vingt années de mises au point ? On l'ignore en général, les dossiers commerciaux sont souvent confidentiels. La plupart des espèces vivantes d'intérêt agroalimentaire ont cependant, à travers le monde, leurs variétés transgéniques en préparation (voir fig. 2, p. 40). Plusieurs dizaines d'entre elles sont déjà cultivées sur de petites surfaces en Amérique du Nord et du Sud, en Afrique, en Asie et en Océanie. Nous verrons si elles possèdent des mérites avérés ou espérés.

À quoi servent les OGM ? se demandent à juste titre les citoyens de la Terre. Plusieurs réponses se profilent, où il est question d'avantages et d'inconvénients que nous analyserons.

Des questions essentielles se posent qu'il convient de ne pas éluder, ni de simplifier à outrance : pourquoi faire et contrôler des OGM ? Selon quelles méthodes ? Comment les évaluer ? À qui confier cette responsabilité ? Pourquoi autoriser leur dissémination, et sous quelles conditions ? Pourquoi l'Europe a-t-elle autorisé en 2004 un maïs doux Bt à la consommation humaine ? Selon quels critères ? Pourquoi les plantes à pesticides, de première comme de seconde génération, constituent-elles de loin (et toujours en 2004) la principale catégorie d'OGM, et pourquoi ont-elles de fortes chances de le rester ? Il est primordial que ce fait soit pris en compte dans le débat, alors qu'il est occulté au profit de plusieurs OGM spécifiques (riz résistant à la sécheresse ou produisant un précurseur de la vitamine A, par exemple) qui demeurent des exceptions. Ainsi nous saisirons mieux les risques pour la santé, l'environnement et la biodiversité, tout comme les avantages qui en découlent. La politique, la démocratie doivent veiller à conserver une marge de manœuvre afin de favoriser ou de freiner tel ou tel développement.

Le monde change à grande vitesse, et pour la première fois de son histoire la société s'efforce de contrôler une transformation inédite du vivant.

Les chapitres 1 et 2 présentent les techniques utilisées pour réaliser des OGM : exposé de leur découverte, des différentes générations d'OGM, mais aussi de leurs limites. Les éléments d'ordre scientifique sont essentiels pour une véritable compréhension des risques sanitaires et environnementaux associés aux OGM. Toutefois, le lecteur que ces aspects passionneraient moins pourra choisir de passer tout simplement au chapitre 3 qui tente d'apprécier les différentes sortes d'OGM existants et leurs finalités.

I. LES OGM EN COUVEUSE

Présentation des parents : maman biologie moléculaire et papa ADN

2 avril 1953 : un ciel peu ordinaire se lève sur le laboratoire Cavendish à Cambridge, au nord de Londres. À 25 et 37 ans, James Dewey Watson et Francis Harry Compton Crick signent ce jour-là un article[1] qui leur vaudra neuf ans plus tard le prix Nobel de physiologie et médecine. Ils le partageront avec Maurice Hugh Frederick Wilkins : ses travaux et ceux de sa collaboratrice Rosalind Franklin ont fortement inspiré leurs recherches. Rosalind Franklin mourra entre-temps d'avoir trop manipulé de radiations, trop radiographié d'ADN.

Leur article princeps, celui qui décrit la fameuse structure en double hélice de l'ADN, paraît le 25 du même mois dans la revue *Nature*. Ces chercheurs passionnés ne se doutent pas vrai-

1. « Molecular structure of nucleic acids. A structure for deoxyribose nucleic acid », *Nature*, n° 171, 1953, p. 737-738.

ment qu'ils défrichent une voie royale : celle qui va mener au séquençage du génome * humain, aux OGM et à la thérapie génique *.

Dès 1869, on connaît la composition chimique de l'ADN grâce au Suisse Friedrich Miesher qui a réussi à le purifier * tant bien que mal à partir de pus et de laitance de poisson. L'ADN est alors appelé nucléine. À la toute fin du XIXe siècle, ses quatre composants essentiels, les bases * chimiques (Adénine, Guanine, Thymine, Cytosine : A, G, T, C), sont isolées, notamment à partir du guano ou du thymus, d'où les noms des bases G et T. Mais si les parts de l'hérédité et de l'environnement dans le développement des organismes et les perspectives ouvertes par les biotechnologies sont discutées dès les années 1930 dans les centres scientifiques travaillant sur les plantes[1], l'ADN n'est reconnu comme support de l'hérédité qu'après la Seconde Guerre mondiale – on a en effet longtemps cru que c'étaient les protéines complexes du noyau de la cellule qui portaient les caractères transmissibles. On envisage dès lors les manipulations dont il peut faire l'objet.

La structure de cette mystérieuse molécule, parmi les plus longues connues (environ 1,50 m par cellule

1. H. M. Hall, « Heredity and environment as illustrated by transplant experiments », *Scientific Monthly*, 35, 1932, p. 289-302. Nous remercions C. Masutti pour ces données historiques.

pour un organisme humain) et sans doute la plus belle, suggère comment la vie se reproduit, identique à elle-même : telle une fermeture Éclair qui se dégrafe et dont chacun des montants complémentaires se reforme. C'est ainsi que l'ADN transmet son message à la descendance, sachant que les gènes ne constituent que 5 % environ du patrimoine génétique ! Le reste sert à la structure de l'ensemble, à des rôles seulement soupçonnés [1], parfois ignorés.

Et l'on va couper le cordon d'ADN, mais aussi savoir le recoller, le déchiffrer…

Mai 1968 : Daniel Cohn-Bendit et ses compagnons de lutte revendiquent un monde meilleur sans se douter qu'ils combattront un jour les OGM, tandis que Werner Arber, Hamilton O. Smith, Daniel Nathans et leurs collègues commencent à purifier et à caractériser les premières enzymes * gloutonnes – indispensables en biologie moléculaire –, à partir de bactéries comme *Hemophilus influenzae* ou la célèbre *Escherichia coli* [2]. Grâce à ces enzymes, des pos-

1. Voir à ce sujet, du même auteur, le chapitre 2 de *Génétiquement incorrect*, Paris, Flammarion, 2003.

2. Meselson et Yuan, *Nature*, n° 217, 1968, p. 1110-1114 ; Smith et Wilcox, *J. Mol. Biol.*, n° 51, 1970, p. 379-391 ; Danna et Nathans, *PNAS*, n° 68, 1971, p. 2913-2917.

sibilités majeures voient le jour : cisailler l'ADN – le cordon génétique – au niveau de sites[1] bien particuliers présents de temps à autre dans l'ADN. Cette méthode permet d'extraire des fragments de gènes ou des gènes de n'importe quel organisme. Aujourd'hui, ces enzymes, dites de restriction ou restrictases *, existent par centaines ; elles sont élaborées à partir de différentes cellules, purifiées et vendues très cher dans les catalogues de produits destinés aux biologistes moléculaires. Si bien que la moindre suite connue d'ADN peut être coupée en des endroits bien prévisibles et selon des portions choisies. À la même époque, des chercheurs comme Arthur Kornberg utilisent déjà une enzyme de ligation ou ligase *[2] pour recoller les morceaux.

Mais pour accomplir ce travail sans jouer à l'aveuglette, il faut comprendre le message des gènes qui permettent la formation des protéines,

1. Ces sites sont constitués d'une suite ou séquence * précise de quelques bases (4 à 8 A, G, T ou C), toujours les mêmes pour chaque enzyme. Par exemple, l'enzyme la plus connue et la plus utilisée est EcoR I (*Escherichia coli* Restricase I). Elle coupe la séquence GAATTC en G et AATTC chaque fois qu'elle est disponible dans l'ADN. Une autre, prenons EcoR V, coupera GATATC en GAT et ATC.

2. Goulian et Kornberg, *PNAS*, n° 58, 1967, p. 1723-1730.

elles-mêmes constituées de plusieurs dizaines ou centaines d'unités appelées acides aminés. Première étape : savoir lire l'alphabet génétique, donc découvrir la correspondance chimique entre le message du gène et la structure protéique. Entre 1961 et 1965, on établit progressivement cette correspondance qui a lieu entre trois bases d'un gène et un acide aminé. C'est ce travail qui permet aujourd'hui encore de traduire théoriquement tout message génétique en protéine – ce que fait physiquement la cellule en plusieurs étapes.

Pour mener à bien cette lecture, cette conversion de l'ADN, il faut pouvoir le photocopier. Deuxième étape : on purifie des milliards de molécules identiques en les multipliant dans des bactéries, afin de pouvoir déterminer la séquence, c'est-à-dire l'ordre et le nombre des bases. Ces techniques maintenant classiques de séquençage d'ADN datent de 1977 et sont le résultat des travaux de Maxam et Gilbert[1], ou encore de Sanger[2].

Les méthodes dérivées récentes sont beaucoup plus sophistiquées, extrêmement rapides et automatisées.

1. Maxam et Gilbert, *PNAS*, n° 74, 1977, p. 560-564.
2. Sanger, Nicklen et Coulson, *ibid.*, p. 5463-5467.

Qui imagina au clair de lune comment copier 100 milliards de fois en quelques heures un morceau d'ADN ?

Toujours en avril – les grandes idées, comme la nature, fleurissent-elles au bras du printemps ? – un vendredi soir de l'année 1983, le biologiste Kary B. Mullis fait une découverte géniale au volant de sa voiture, sur une route de Californie ; géniale parce qu'elle va permettre de recopier un fragment choisi d'ADN en grande quantité, par synthèse dans un tube à essai et sans passer par les lourdes étapes de purification [1]. On multiplie de l'ADN comme le fait une cellule avant de se diviser, mais plus rapidement, en éprouvette, et seulement par tout petits fragments présélectionnés. On peut alors plus facilement identifier l'ADN, dont les laboratoires doivent disposer en quantités suffisantes, et le travailler avec des enzymes. Mais comme à la pêche, il faudra les bons hameçons, c'est-à-dire les bonnes amorces *.

Voilà trente ans que tout biologiste moléculaire sait comment se structure l'ADN, mais cette molécule ne se reproduit bien que dans des cellules vivantes, comme les bactéries. Kary B. Mullis vient d'inventer comment fabriquer de l'ADN en éprouvette, avec une source de chaleur et quelques

1. Mullis, *Scientific American*, 1990, p. 56-65.

composés chimiques seulement. On va y gagner une vitesse et une spécificité incomparables.

C'est l'une des découvertes les plus simples mais les plus précieuses de la spécialité : il s'agit de la fameuse technique de PCR * (réaction de polymérisation en chaîne, voir fig. 1, p. 28) qui va connaître un succès foudroyant. Cette méthode permet de produire des petits fragments choisis de gènes, à partir par exemple de gènes de plusieurs organismes. Ceux-ci sont assemblés dans les gènes artificiels, les transgènes. Construire un transgène sans faire appel à la PCR serait extrêmement difficile. Les amorces utilisées qui s'accrochent spécifiquement aux fragments de gènes les bordent de chaque côté et leur permettent de se reproduire ; les enzymes les prennent pour points d'ancrage afin de recopier l'ADN. Cette méthode permet aussi de reconnaître les OGM puis de les étiqueter.

Sept ans après cet éclair de génie, suivi d'une mise au point laborieuse, plus de mille publications indiquaient avoir utilisé la technique ; dix ans plus tard, soit en 1993, tous les laboratoires de biologie moléculaire du monde possédaient la petite machine qui chauffe et refroidit des tubes de manière cyclique, le thermocycleur ! Kary Mullis n'en revient toujours pas : le lundi qui suivit la fameuse fin de semaine d'avril 1983, il n'était parvenu à convaincre personne de sa théorie.

Figure 1. Comment on détecte les OGM

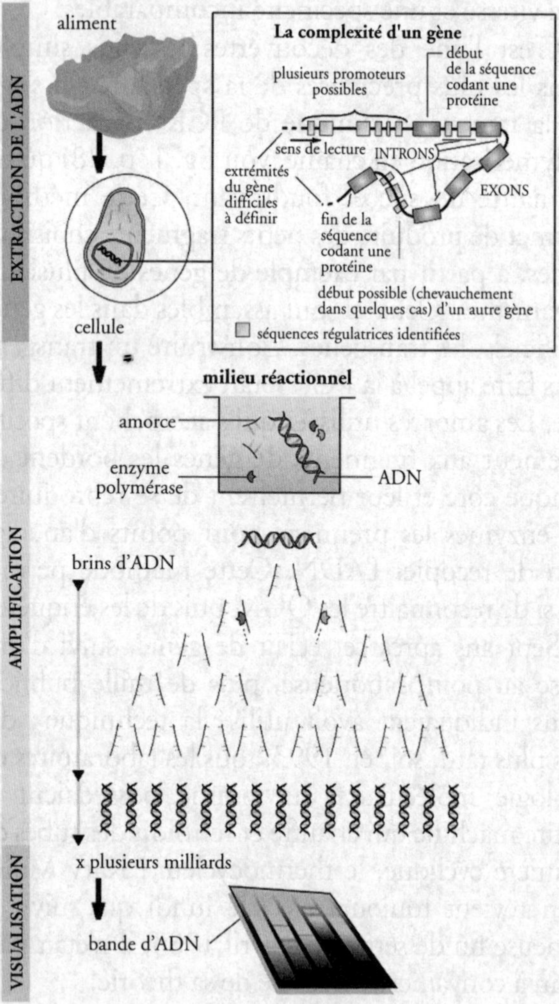

➤ Afin de détecter les OGM, on commence par extraire l'ADN d'un aliment grâce à des procédés classiques de broyage puis de purification. Ensuite, la technique de PCR permet d'amplifier la séquence recherchée dans l'ADN à l'aide d'enzymes et d'amorces spécifiques qui la reconnaîtront par complémentarité, et de bases (appelées nucléotides, A, T, G, C) en excès, afin de construire les nouveaux petits brins formés selon la matrice de la séquence trouvée. On pourra ensuite quantifier : ce sera de l'ADN multiplié en quantité proportionnelle à la séquence détectée. Enfin, on visualise l'ADN sur gel ou grâce à des marquages par fluorescence. En encadré, la complexité d'un gène dans l'ADN débobiné correspondant à quelques milliers de bases associées en paires (double hélice).
Un transgène reconstruit, qui devient donc un gène artificiel, comprendra essentiellement les séquences codantes ou exons *, et un promoteur * artificiel dérivant de séquences de virus en général, ou parfois un promoteur adapté de la plante elle-même, un intron * régulateur et un terminateur *. Les OGM comprennent souvent plusieurs transgènes.

Les hôpitaux ou les laboratoires de police analysent aujourd'hui des gènes à partir d'un infime prélèvement… Il suffit de multiplier des molécules d'ADN comme des petits pains si elles ne sont pas trop longues, et de les comparer d'un individu à l'autre. Un fragment de tissu d'Yves Montand se dédie *post mortem* à la recherche en paternité, la police scientifique réalise une empreinte génétique grâce à un bulbe de cheveu, une trace d'ADN laissée par de la salive séchée sur un vieux timbre sert de preuve ; enfin Toutankhamon, les momies, ou un mammouth retrouvé congelé en Sibérie n'ont qu'à bien se tenir : ils offrent leur ADN par petits fragments à la PCR.

On peut même amplifier et identifier une séquence d'ADN d'une cellule d'embryon nageant dans le liquide amniotique, celle d'un œuf avant l'implantation, et détecter ainsi un gène avec une mutation qui rendrait une fonction déficiente…

C'est donc aussi grâce à cette méthode que l'on peut détecter et étiqueter les OGM, ou préparer un gène synthétique, muté, pour mettre au point un autre OGM… Cet outil génial que constitue la PCR n'a pas été nécessaire à la conception du premier tabac transgénique belge en 1983, ou à l'établissement des règles actuelles d'évaluation des OGM, auxquelles de grandes compagnies travaillaient déjà en 1980, mais il a permis l'explosion et la rapidité de mise en œuvre des essais.

Bien manipuler l'ADN sans connaître les génomes

Grâce à toutes ces techniques futées, les scientifiques décortiquent et bricolent avec une précision extrême les séquences d'ADN, les gènes mixtes de virus, de bactéries, d'homme ou de chien, avant de les insérer dans du maïs, par exemple, pour produire des aliments ou des médicaments. Mais si les biologistes moléculaires sont de bons mécaniciens, ils ne connaissent pas les moteurs sur lesquels ils travaillent. À l'exception de certains micro-organismes, ils ne connaissent pas – ou peu – les

Les promoteurs *

Comme il y a des promoteurs immobiliers, il y a un ou des *promoteurs* formant le début de la séquence de chaque gène, qui jouent le rôle d'interrupteurs modulables, c'est-à-dire de séquences d'ADN signalant le début de la lecture, mais aussi l'intensité possible de celle-ci. C'est en se liant sur ces séquences que l'assemblage variable de dizaines de protéines (ou facteurs de transcription *) déterminera, selon les conditions de l'environnement du noyau de la cellule, l'intensité effective de l'expression du gène. Les gènes sont alors lus – on dit transcrits – en un message secondaire fait d'Acides RiboNucléiques, ou ARN *, qui pourra parfois sortir du noyau et être lui-même traduit en séquence protéique (c'est la traduction *).

Il y a des promoteurs forts (qui fixent, par exemple, des protéines universelles pour fonctionner) et des promoteurs faibles ou spécifiques (qui ne jouent bien leur rôle que dans une espèce ou un organe particulier, ou qui entraînent une faible expression d'ARN). Les virus, qui ont appris de l'évolution à s'insérer et parasiter les organismes, présentent les promoteurs les plus forts. C'est pourquoi on s'en sert dans la majorité des OGM commercialisés. On détecte aussi ces OGM par la PCR, grâce à la quasi-omniprésence de ces promoteurs forts. On utilise beaucoup pour les OGM actuels le promoteur du virus dit de la mosaïque du chou-fleur.

À la fin de la séquence du transgène, on trouve ce que l'on appelle un *terminateur* *, destiné à indiquer le signal de fin de lecture (à ne pas confondre avec le système de stérilité dit Terminator *).

génomes des organismes et manipulent pourtant les plus complexes et les plus longs : agissant en aveugles, ils introduisent au hasard de nouvelles séquences dans un ADN.

Ni la structure détaillée de l'ADN d'organismes évolués * qui vont devenir transgéniques, ni *a fortiori* son fonctionnement sophistiqué ne sont connus. Le patrimoine héréditaire des plantes ou d'organismes dits supérieurs [1] n'est encore déchiffré que pour un certain nombre d'individus, et au sein d'un petit nombre d'espèces ; pour l'essentiel, il n'est connu que par morceaux. Ce qui représente cependant, au total, des milliers et des milliers de gènes, dont beaucoup se ressemblent d'une espèce à l'autre. Cette similitude ne signifie pas qu'ils ont toujours le même rôle ou le même fonctionnement, l'évolution ayant réservé bien des surprises. Ainsi nous partageons avec la mouche plusieurs gènes cruciaux servant à initier le développement de certaines parties du corps et le développement d'organes. Mais nous ne possédons pas d'ailes, ni d'yeux à facettes. Souvent, des gènes homologues participent à plusieurs grandes fonctions, et ces fonctions se différencient selon l'espèce.

1. Organismes ayant de nombreuses cellules aux fonctions plus spécialisées que celles des organismes dits inférieurs, des organes séparés, variés, comme une plante avec tige, feuilles, fleurs… Voir aussi « organisme évolué », dans le glossaire.

L'un des « pères » des premiers maïs transgéniques[1] a d'abord été un universitaire qui s'attachait à mieux connaître la séquence génétique du maïs avant de travailler au sein de la multinationale devenue Novartis, puis Syngenta[2]. Mais le génome du maïs reste alors loin d'être lu, *a fortiori* compris entièrement, tant il s'agit d'un puzzle complexe. Le séquençage du riz avance vite, la compagnie Monsanto s'y consacre, qui n'a pas hésité à rendre publique la principale trame obtenue afin d'être aidée et confirmée dans son interprétation. En mai 2000, seuls les deux premiers chromosomes humains étaient entièrement déchiffrés. En juin 2000, il était question de l'essentiel du génome (voir encadré, p. 36). Ensuite, il s'agit de savoir remettre ce qu'on a lu dans l'ordre original, savoir où sont les gènes et à quoi ils servent.

La firme Céléra Genomics de Craig Venter s'attache à séquencer la souris, parce que c'est un modèle de mammifère pour les biologistes et les généticiens. D'autres ont complètement séquencé et étudié le génome d'un petit ver[3] et d'une

1. Philippe Gay, qui a écrit avec Jacques Neirynck *Tout savoir sur le génie génétique*, au titre très ambitieux, Favre, 1998.

2. Cette firme est la première à avoir reçu l'autorisation de cultiver des OGM en Europe en 1998.

3. *Caenorhabditis elegans*, un ver nématode.

mouche drosophile[1]. À la fin de l'année 2000, une seule plante était entièrement déchiffrée, *Arabidopsis thaliana*. Mais au tournant des XXe et XXIe siècles où l'on aura vu naître les OGM agricoles (voir fig. 2, p. 40) et s'étendre leur exploitation (près de 70 millions d'hectares en 2003), aucun organisme vertébré ou végétal n'est vraiment complètement connu sur le plan génétique. D'aucuns répondront que l'on ne connaissait pas le génome du blé avant de l'exploiter et de s'en nourrir. Mais les croisements naturels, alliés à une activité agricole traditionnelle sur des générations, offrent une expérience irremplaçable. Aujourd'hui, alors que l'exploitation industrielle d'un produit nouveau ne prend que quelques années et que des milliards de personnes et d'organismes y sont exposés, cette expérience ne saurait être remplacée que par le principe de précaution. Surtout si ce « produit » est vivant et se reproduit dans l'environnement de manière possiblement irréversible, comme un OGM.

Après cinquante années d'intenses travaux en biologie moléculaire, alimentés par des fonds publics et privés considérables, nous n'en sommes qu'aux prémices d'une jeune science très puissante. Armés d'une mallette d'outils moléculaires incroyables, les laboratoires ont entrepris des

1. *Drosophila melanogaster*.

recherches foisonnantes sur les principaux gènes et leurs fonctionnements primaires. Les chercheurs sont les apprentis d'une science complexe, la génétique moléculaire. Ils interviennent cependant sur le génome des êtres vivants sans avoir de vision globale et précise de son fonctionnement et de sa structure.

Les mécanismes des régulations internes des gènes et leur organisation spatiale dans les noyaux des cellules viennent seulement d'être dévoilés par plusieurs résultats surprenants. Les gènes ont leur écologie et connaissent des régulations multiples en cascades. Il n'est pas simple pour la biologie de traduire ces régulations internes en fonctionnements physiologiques. Ces derniers impliquent des centaines de gènes à la fois, qui s'expriment différemment dans les 200 types cellulaires d'un organisme humain. Quant à l'écologie, qui étudie les écosystèmes * et les interactions au sein des milieux vivants – le climat, la lumière et la saison influant eux aussi sur l'activité des gènes –, c'est la moins avancée de toutes les sciences. L'écogénétique, science qui étudierait l'écologie des gènes, leur fonctionnement en réseaux dans leur environnement, et l'effet des gènes artificiels sur notre environnement, est à développer [1].

1. Voir, du même auteur, *Génétiquement incorrect*, *op. cit.*, p. 173.

Le décryptage du génome humain

Nous sommes en l'an 2000. Depuis plusieurs années, les séquences d'ADN de l'être humain sont attendues. États-Unis, Grande-Bretagne, Japon, Chine, France… Dix-huit pays y travaillent en consortium depuis dix ans. L'essentiel d'une version de travail du génome humain, encore brouillon par endroits, a été obtenu avec des années d'avance sur les prévisions. Le 26 juin, ces premiers résultats sont publiquement annoncés et fortement médiatisés, y compris par les dirigeants des pays impliqués – phénomène exceptionnel pour une découverte scientifique. À ce moment-là, 90 % du génome a été séquencé, mais ce travail doit encore être vérifié ; il faut préciser la position des fragments de séquence les uns par rapport aux autres dans les 10 % restants. Ces résultats ne disent rien des différences cruciales entre les individus (seuls quelques génomes sont analysés), lesquelles font l'objet d'autres travaux menés parallèlement ; enfin, le rôle d'une minorité de gènes qui sont progressivement découverts est dans un premier temps soupçonné seulement, à partir de comparaisons avec d'autres organismes. Il faut vérifier les hypothèses par des expérimentations nombreuses et longues, dont l'ensemble durera au moins une dizaine d'années. On peut dire que l'ère post-génomique d'interprétation des données globales commence surtout au XXIe siècle.

II. FABRIQUER EN SÉRIE LES OGM

Préparer la construction génétique

Contrairement à l'idée reçue, les OGM en voie de commercialisation ne reçoivent jamais un gène étranger tel qu'on le trouve dans l'organisme donneur, animal, plante ou micro-organisme. Prenons l'exemple des premiers maïs transgéniques autorisés en Europe, qui empruntent à la bactérie *Bacillus thuringiensis* (Bt) une partie modifiée d'un gène [1] produisant l'insecticide contre la pyrale. Il convient dans un premier temps de réaliser une construction génétique, laquelle est plus ou moins complexe et généralement composée du gène d'intérêt, de séquences régulatrices de gènes marqueurs et du plasmide * éventuellement. Il a d'abord fallu construire un moyen de reproduction facile de cet ADN [2] qui permet de transférer la

1. Le gène portant le caractère à introduire est souvent nommé gène d'intérêt.
2. Souvent trop grand pour utiliser la PCR.

construction génétique réalisée. Les biologistes moléculaires utilisent alors souvent un plasmide, une sorte de petit anneau entièrement constitué d'ADN, comme les structures d'ADN qui se reproduisent naturellement dans les bactéries. Le plasmide comprend une « origine de réplication * » (séquence pour se multiplier) et un site avec les régulateurs d'expression (promoteur et terminateur) indiquant le début et la fin du transgène à l'organisme receveur, et permettant au transgène de s'exprimer : il est capable de pénétrer les noyaux des cellules et de s'intercaler en s'ouvrant dans leur patrimoine héréditaire. Ces minuscules anneaux d'ADN sont fabriqués par millions pour une véritable attaque en règle. Les biologistes moléculaires ne savent manipuler que de telles quantités d'ADN, contenues dans une goutte de liquide… Souvent, on purifiera aussi simplement par millions les portions utiles de ces plasmides avant d'essayer de les introduire dans les génomes des cellules.

La première étape consistera d'abord à récupérer le gène d'intérêt dans une bactérie par exemple, avant de le modifier afin qu'il devienne un transgène. On appelle cela le clonage de gène, un procédé biochimique aboutissant après plusieurs manipulations délicates au captage, à la purification et la reproduction de son ADN, puis à son insertion dans le plasmide. Ce dernier est façonné pour faciliter sa propre multiplication dans les bactéries, pas nécessairement pour la meilleure expression du transgène. Pour favoriser prioritairement son activité lorsqu'il sera dans la plante, on doit alors lui ajouter des options en l'ouvrant avec des enzymes et en le refermant, voire en ôtant toute séquence surnuméraire, comme on fabriquerait un vélo de course à partir d'un modèle courant. Les chercheurs ne sont pas allés jusque-là pour les premiers maïs OGM. La reproduction du plasmide en série et le tri des plantules transformées seront facilités par l'ajout de traceurs. Dans les premiers maïs Bt, ces traceurs sont un gène de résistance à un antibiotique, l'ampicilline, et un autre de tolérance à un herbicide à base de glufosinate. Utiliser cet antibiotique ou cet herbicide permettra d'éliminer à bas prix, dans le milieu de culture, tous les organismes ne contenant pas ces gènes. D'autres systèmes de tri, plus sophistiqués, existent, mais ils sont plus onéreux.

Lorsqu'on ouvre le plasmide, on en profite pour modifier aussi le gène d'intérêt : on lui a déjà enlevé les séquences inutiles, s'il en a (les introns, par exemple, surtout s'il provient d'un animal ou d'une plante, car les bactéries en possèdent très peu). Dans le cas du maïs Bt, seul un fragment du gène Bt est utilisé, qui rend l'insecticide produit plus directement efficace (voir fig. 6, p. 89). Ensuite, le promoteur est changé : on prend celui

Figure 2. Le big-bang de l'évolution transgénique

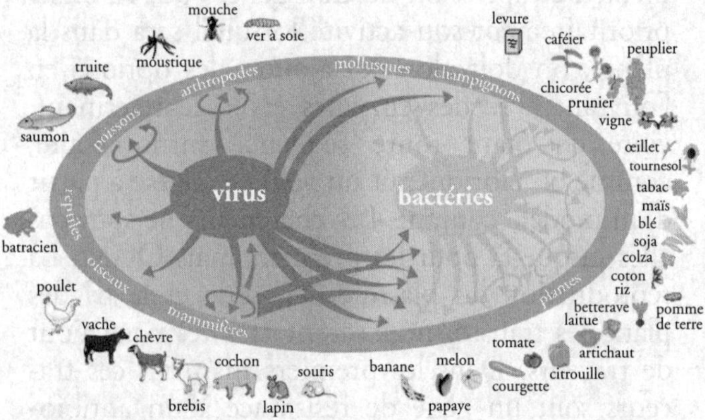

Premiers OGM commercialisés, précommercialisés, ou à l'état de recherche avancée dans le monde. Cette grande diversité ne reflète pas l'essentiel des OGM commercialisés depuis 1995. La prédominance des plantes est évidente : en tête les sojas (pour plus de la moitié de la production), maïs, cotons et colzas (également appelés canolas), ces quatre plantes représentant plus de 98 % des cultures (période 2000-2003). Les plants de tabac, tomate et pomme de terre génétiquement modifiés commercialisés ont été délaissés.
Les flèches proviennent des principaux donneurs de gènes ou fragments de gènes, virus et bactéries, de loin les mieux connus au niveau génétique. À mesure de l'avancée des connaissances, toutes les combinaisons possibles seront exploitées, mais elles ne seront pas toutes nécessairement commercialisées. Il faut souvent dix à quinze ans avant de commercialiser un de ces OGM. Les virus, bactéries, levures ou champignons OGM, sont réalisés notamment pour la médecine (vaccins, production de médicaments) et la transformation alimentaire (production d'enzymes, additifs, levures…) ; ils ne sont habituellement pas diffusés dans l'environnement.
Le schéma ne peut être exhaustif. S'ajoutent à cette liste d'autres espèces génétiquement modifiées : asperge, aubergine, arabidopsis, belladone, bouleau, brocoli, cacahuète, canne à sucre, carotte, chou, chou-fleur, chrysanthème, concombre, eucalyptus, fraise, gazon, gerbera, glaïeul, kiwi, lin, lupin, luzerne, moutarde, myrtille, noix, orge, patate douce, pétunia, pois, poivron, pommier, sapin, sorbier, tilapia, trèfle etc. et d'autres nombreuses variétés d'arbres. L'homme n'est pas représenté, il fait partie des donneurs de gènes, et peut-être, un jour, sera-t-il modifié.

d'un virus ou d'une plante, qui sera plus fort et plus performant dans ce cas. On peut même ajouter des amplificateurs à l'intérieur du gène (des séquences extraites d'introns très particuliers de plantes par exemple, qui ont effectivement pour rôle d'amplifier l'expression). Chaque organisme ayant son propre dialecte génétique préférentiel, on modifie la séquence du gène afin de faciliter sa lecture par la plante receveuse. En effet, les différentes espèces n'utilisent pas toujours les mêmes séquences de bases (triplets de base) pour coder les mêmes acides aminés des protéines. Elles ont plusieurs choix. On peut ainsi adapter des séquences du gène d'intérêt dans le langage spécifique de chaque végétal, que ce soit le tabac, le maïs ou la pomme de terre. On va même aussi, dans certains maïs, muter le transgène grâce à une variante de la méthode de PCR, nommée mutagenèse * dirigée, afin d'adapter la construction génétique dans le détail : elle codera pour donner une protéine plus insensible à l'herbicide, par exemple. Le plasmide adapté est alors prêt à être reproduit dans des bactéries, avant d'être ouvert par des enzymes pour qu'en soit extrait un élément (transgène), ou, plus simplement, projeté en grande quantité (par un système de canon à air comprimé) sur les cellules embryonnaires de plantes.

Que d'opérations oubliées, que d'explications réductrices dans la phrase : « On prend le gène de tel organisme, et on le met dans tel autre » ! Au final, il existe peu d'OGM comportant un seul transgène, et, comme nous l'avons vu, le transgène n'est jamais réductible au seul gène d'intérêt, même devenu synthétique : il correspond à une construction artificielle, ajoutée en un ou plusieurs exemplaires au même endroit ou non, parfois au hasard ; elle peut être aussi tronquée ou insérée à l'envers.

Modes d'introduction de l'ADN

Les procédés les plus utilisés pour introduire une ou plusieurs constructions génétiques dans les cellules à modifier sont de quatre grandes familles : biolistique, électroporation, transfection * chimique ou biologique et micro-injection (voir fig. 3, p. 44). Il s'agit de forcer la pénétration d'un grand nombre de macromolécules d'ADN identiques à travers la paroi cellulaire (on bombarde des milliers de cellules à la fois, sauf pour les micro-injections), dans l'espoir que la suite s'accomplisse seule : dans de rares cas, qui varient selon l'organisme, l'ADN et les méthodes, la construction génétique parviendra à s'incorporer au sein du processus continuel de réparation et de remodelage de l'ADN du receveur. L'ADN est en permanente et lente évolution, comme toutes les autres structures cellulaires ou celles d'un organisme. Les séquences de la construction génétique transférée auront tendance (mais il n'y a pas de règle) à s'hybrider avec les séquences qui leur ressemblent et à s'intégrer près de celles-ci ; on se sert d'ailleurs de cette propriété pour tenter de diriger des insertions en recherche fondamentale. Mais ces méthodes peuvent également endommager l'ADN car au cours des processus de pénétration les cellules sont agressées par les chocs électriques ou chimiques.

Pour la transformation * des plantes, on exploite beaucoup la capacité naturelle d'une bactérie, *Agrobacterium tumefaciens*, susceptible d'intégrer de l'information génétique, portée par un plasmide, et de la transférer chez l'hôte choisi. Son nom est éloquent... elle a le pouvoir de faire se multiplier les cellules anarchiques qui forment des sortes de tumeurs, et c'est cette capacité qu'on utilise. On remplace au sein de son plasmide (le vecteur) les gènes naturellement perturbateurs par le transgène souhaité, puis on met en contact la bactérie modifiée et des cellules végétales dans une boîte ou un tube de culture. Certaines des cellules ayant capté l'ADN étranger seront capables de régénérer un végétal[1].

1. Les cellules transfectées sont par exemple isolées des cals ou des cellules en division dans les extrémités en croissance de la plante (méristèmes).

Figure 3. Principales techniques d'obtention d'OGM

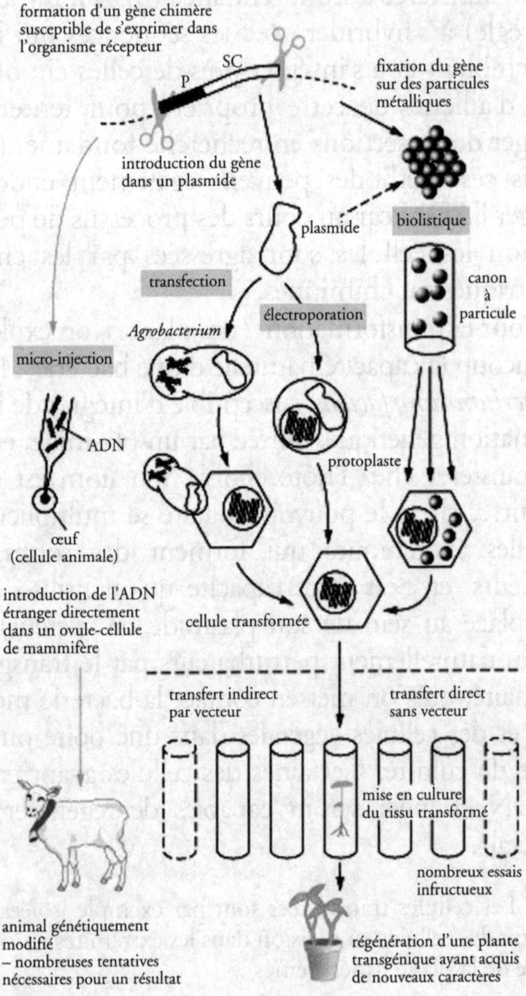

► Après l'obtention des gènes chimériques et synthétiques (transgènes avec P promoteur et SC séquence codante) éventuellement intégrés à des plasmides circulaires, le chercheur peut choisir d'utiliser, selon les organismes receveurs :

1° la biolistique : un canon à air comprimé (comme un pistolet) envoie des microbilles chargées d'ADN sur des cellules ; c'est ainsi que sont généralement obtenus les maïs transgéniques ;

2° l'électroporation : un choc électrique rend momentanément la cellule poreuse à l'ADN ;

3° la transfection par choc chimique ou par vecteur qui peut être une bactérie (*Agrobacterium tumefaciens*) ou un virus, dont la propriété est justement de transférer de l'ADN à un autre organisme en le parasitant ;

4° la micro-injection par pipette très fine dans un ovule de mammifère par exemple. Il faudra ensuite trier les cellules transformées qui pourront régénérer tout un organisme, en ayant gardé leurs capacités embryonnaires.

Dans les cas de régénération difficile, on peut effectuer la transfection avec des graines en germination [1]. S'il arrive que l'efficacité de pénétration soit bonne (quelques dizaines de cellules sur cent, en général), dans la plupart des essais, la régénération des cellules transformées ne produit pas une plantule. Selon les espèces et les « recettes », on obtient des résultats très variables : en moyenne, il faut effectuer au moins dix mille tentatives avant d'avoir un résultat positif (réunissant transformation et régénération). D'où la nécessité du tri, car seules quelques plantules obtenues au moyen de l'une des méthodes de transformation seront génétiquement modifiées.

1. De Block, *Euphytica*, n° 71, 1993, p. 1-14.

Certaines espèces végétales se révèlent particulièrement insensibles à *Agrobacterium*. Notamment les monocotylédones * qui comptent les graminées, dont le maïs. Parmi les principales techniques de remplacement[1], nous disposons donc de l'électroporation (on troue les cellules embryonnaires par un choc électrique pour qu'elles absorbent l'ADN en solution), ou de la biolistique qui consiste à bombarder des particules métalliques enduites du transgène au moyen de petits canons à air comprimé. Les particules pénètrent à l'intérieur des cellules et quelques copies du transgène (en nombre indéterminé) peuvent alors avoir une chance de s'intégrer à l'ADN du noyau, celui-ci faisant alors feu de tout bois.

Mais la plupart des cellules ne se laissent pas déstabiliser dans leur génome et n'intègrent pas de l'ADN étranger. Or, comme elles disposent toutes d'enzymes de réparation de l'ADN endommagé, il arrive qu'elles se servent du transgène ou du plasmide pour « combler un vide ». Ainsi, parfois, l'insertion regroupée ou dispersée d'un ou plusieurs plasmides, ou de morceaux de plasmides, réussit, au hasard, dans les chromosomes. Il faut ensuite trier les cel-

1. Fisk et Dandekar, *Scientia Horticulturae*, n° 55, 1993, p. 5-36.

lules qui auront intégré les transgènes. Le plus simple : utiliser à nouveau un gène marqueur de résistance à un antibiotique (du type de celui qui a servi pour le tri lors de la multiplication du plasmide et dont nous verrons les conséquences p. 175). Autres possibilités : suivre directement le caractère nouveau inséré, comme la tolérance à l'herbicide ou la production d'insecticide par la plantule ; ou bien préférer un autre gène marqueur (pour éviter le phénomène de résistance aux antibiotiques) qui sera éventuellement enlevé dans un second temps, ou encore détecter le transgène, procédé plus coûteux et plus long, plus difficile aussi, mais qui n'a jamais été insurmontable. En recherche fondamentale, ne pas utiliser de gène marqueur est chose courante – pour réaliser des animaux transgéniques aussi. Un maïs transgénique (commercialisé en 1998) de Monsanto entre dans cette catégorie – le fait est suffisamment rare pour être noté. Depuis, l'opinion publique a obtenu l'évitement des gènes marqueurs de résistance à un antibiotique, les maladies de résistance aux antibiotiques, déjà très répandues, étant liées à ces gènes déjà présents dans de nombreuses bactéries pathogènes non OGM. En général, la recherche appliquée a pour leitmotiv l'efficacité au moindre coût.

Comment la commercialisation du maïs Bt176 a été suspendue en France en 1998.

Lors de la séance du 18 septembre 1998, le Conseil d'État français, saisi notamment par les associations de défense de l'environnement Greenpeace et Écoropa, estime que le maïs transgénique de Novartis (Bt176), premier OGM ayant reçu une autorisation de commercialisation en Europe, a fait l'objet d'une étude incomplète. Le dossier est reconnu « incomplet en ce qu'il ne comportait pas d'éléments permettant d'évaluer l'impact sur la santé publique du gène de résistance à l'ampicilline » (l'antibiotique). La commercialisation est alors suspendue, et le gouvernement rachète les récoltes. Ces mesures jettent un froid dans le monde agricole et celui des biotechnologies, et dans la presse la polémique enfle. L'Europe promet d'examiner la question, puis décide de ne plus accepter dans les OGM « les gènes de résistance à un antibiotique qui présenteraient des risques pour la santé ». Cette formulation ambiguë permet à la firme Monsanto de demander une nouvelle fois en 2004 l'autorisation de commercialiser un OGM présentant le même type de gène marqueur qui, quoique inutile, diminue le coût de revient de sa conception. Les firmes persistent et signent.

Pour mettre au point des animaux transgéniques, on injecte directement les transgènes dans les ovules à l'aide d'une micropipette, et l'on prie Dieu ou le Hasard, selon ses croyances, car le succès est très rare ; mais les expérimentateurs sont des moines qui, à force de recommencer, parviennent à leurs fins. Des techniques se développent qui permettront d'introduire les transgènes chimiquement dans les spermatozoïdes avant la fécondation [1]. Ce sera tellement plus commode… les spermatozoïdes accomplissant ensuite leur habituel travail de pénétration de l'ovule. Du coup, des modifications de l'espèce humaine sont envisagées ! Pour les levures, au patrimoine génétique restreint, il est beaucoup plus simple de remplacer un gène existant par un autre, en utilisant la méthode de recombinaison dite homologue [2]. Kent Golic et ses collaborateurs de l'université de l'Utah (États-Unis) ont adapté cette méthode pour la drosophile [3] ; l'expérimenter sur des mammifères est tentant.

Parmi les OGM, plantes ou animaux, qui poussent ou grandissent, beaucoup n'exprimeront pas ou mal le caractère nouveau. En effet, il ne suffit pas qu'un gène soit présent dans les chromosomes pour qu'il fonctionne. Il peut être situé dans une zone du génome trop condensée, repliée sur elle-même, peu utilisée, ou avoir fixé sur ses séquences régulatrices des protéines qui l'empê-

1. Celebi *et al.*, *Biol. Reprod.*, 68, 5, 2003, p. 1477-1483.
2. Grâce aux homologies de séquences d'ADN.
3. *Science*, 23 juin 2000.

chent de s'exprimer, ou encore être inhibé par ses voisins ou d'autres mécanismes cellulaires. Même s'il est encore impossible d'en tirer une règle, on estime aujourd'hui que chez un animal, dans une cellule donnée et à un moment précis, c'est seulement le centième du nombre total de gènes qui fonctionne. Certains gènes resteront à jamais silencieux [1]. La cellule eucaryote * passe donc son temps à empêcher l'expression de l'essentiel de ses gènes.

Plus précis que les hybridations ?

Certains prétendent que le processus de transgenèse est beaucoup plus précis qu'une hybridation sexuelle (ou croisement), puisqu'il apporte un seul gène à la fois et non pas la moitié du patrimoine génétique. Chacun voit bien sûr midi à sa porte. Effectivement, la transgenèse permet d'infinies possibilités combinatoires : elle peut allègrement franchir les barrières d'espèces et entre les règnes, tandis que les hybridations sont « limitées » par les barrières sexuelles. Mais la précision, nous l'avons vu, n'est pas encore à l'ordre du jour, et l'expression du caractère voulu encore

1. Comme un gène spécifique pour le fonctionnement du cerveau dans une cellule intestinale.

plus incertaine. Pour preuve, les nombreux échecs… Cette pénétration par effraction dans l'hérédité risque bien de perturber un fonctionnement réglé ou d'être instable puisqu'il n'y a pas eu harmonisation de l'ensemble au cours d'une évolution biologique normale. De nouvelles études de l'INRA * dirigées par Yves Bertheau [1] ont confirmé que les séquences retrouvées dans plusieurs OGM commercialisés ne correspondaient pas à celles qui avaient été déclarées – ce qui est préjudiciable pour les processus d'étiquetage fondés sur la précision de ces séquences, comme pour la sécurité sanitaire et environnementale. Mutations ou mauvaises caractérisations au départ ? Les deux réponses sont possibles. Il est envisageable que les gènes artificiels soient, pour différentes raisons, des zones ou facteurs d'instabilité du génome.

Lors d'une hybridation, qui se concrétise par la formation d'un œuf, les chromosomes du père et de la mère, dans la plupart des reproductions sexuées, vont se transmettre ensemble de manière certaine (un gène une fois sur deux), puis s'associer par paires avec une grande précision, en recherchant la complémentarité. Les gènes homologues chez les deux parents sont rapprochés, un génome entier est harmonieusement reconstitué

1. Collonnier *et al.*, INRA Versailles et Jouy-en-Josas, 2003.

après quatre milliards d'années d'évolution sur la Terre. D'aucuns préfèrent supposer que cette harmonisation est une vue de l'esprit, et dire que les biologistes moléculaires poursuivent le travail de leurs prédécesseurs en développant des techniques d'amélioration et de sélection des plantes initiées voilà plus de trois mille ans, et que l'on modifie moins par l'adjonction d'un seul gène que par l'appariement de cent mille. Mais qui peut nier que les transmissions et appariements naturels des chromosomes lors de l'hybridation se font selon des lois bien plus précises que l'insertion d'un transgène ?

Nous touchons les bases mêmes des différences entre les réglementations américaine et européenne des OGM. Les États-Unis considèrent que les biotechnologies n'apportent rien de radicalement nouveau par la transgenèse qui nécessiterait un étiquetage particulier. Bien au contraire, en pointant du doigt les OGM, on créerait une distorsion de concurrence envers les OGM. L'Europe, quant à elle, a créé depuis les années 1980 des comités d'évaluation spécifiques aux OGM et a publié une directive[1] sur la traçabilité (réglementation de l'étiquetage), afin de « protéger la santé du consommateur ». Nous atteignons aussi les limites de nos connaissances actuelles, car

1. Directive 2001/18.

tant que nous n'aurons pas substantiellement approfondi notre connaissance des génomes, nous n'aurons que des hypothèses plus ou moins confirmées, et peu de scientifiques sont capables de l'admettre simplement. Bien sûr, il faut chercher et faire, mais nombre de raisons et de résultats devraient nous inciter à rester très prudents et très attentifs. Nous verrons que les méthodes d'évaluation actuelles, qui sont encore grossières et ne prennent en compte que le court terme, boycottent volontairement ce type de questions tout en laissant croire le contraire.

Il convient à présent d'évoquer un nouveau type d'hybridation, celle qui conduit aux OGM que nous mangeons, et de lever par là même une ambiguïté. Ce que nous nommons OGM est en fait le résultat non seulement d'une modification génétique mais aussi d'une hybridation très commune de l'OGM (organisme qui vient d'être obtenu) avec les meilleures variétés agronomiques du moment. En effet, on ne commercialise pas « le » maïs ou « le » soja mais des centaines de variétés différentes de semences (OGM ou pas) disponibles sur un catalogue officiel ; chacune bénéficie d'une autorisation spécifique après que son allégation agronomique (c'est-à-dire ses propriétés ou qualités) a été vérifiée par un organisme national (en France, le GEVES *). Par hybridation, on crée des plantes qui ont des caractéristiques particulières de taille, de grain ou de couleur, qui peuvent être plus productives sur terrains calcaires, ensoleillés, ou humides, programmées pour être récoltées fin août ou fin septembre selon les régions, ou destinées plutôt à l'alimentation animale, au pop corn ou aux maïs doux à consommer en salades, etc. À l'instar des nouvelles versions de logiciels informatiques, de nouvelles variétés apparaissent régulièrement au catalogue. Pour une exploitation de grande taille, exploiter plusieurs variétés de maïs permet de diversifier la production et de récolter à des périodes différentes de l'année, par exemple… Afin de demeurer compétitives, les compagnies introduisent le caractère intéressant en croisant les OGM et leurs descendants sur plusieurs années avec les variétés de maïs ou de soja les plus récentes et les plus utilisées par les agriculteurs. Ces expérimentations représentent une partie importante des tests autorisés en champ par la Commission du génie biomoléculaire (CGB *) en France ou ses équivalents dans d'autres pays. Il est nécessaire de parvenir à conserver d'une part le caractère transgénique, d'autre part les propriétés productives de la variété. Devenue OGM, elle sera baptisée d'un nouveau nom (Benji, Garonna, Navarès, Pactol Cb, Seven, Odyssée…) et protégée par un brevet sur le gène artificiel et son utilisation. Pour être cultivée, cette semence devra faire l'objet d'une demande d'autorisation ; si elle est autorisée, les semenciers n'auront pas à demander une nouvelle autorisation pour les variétés qu'ils créeront à partir d'elle. En effet, l'autorisation n'est exigée que pour un OGM résultant d'un « événement de transformation » (c'est-à-dire lorsqu'un transgène est inséré dans une partie de chromosome).

Les semenciers vont ensuite reproduire les variétés intéressantes, récolter les semences en quantités suffisantes pour une future commercialisation – autres types d'« essais » en champ autorisés par la Commission. Durant la croissance des végétaux quelques prélèvements seront effectués afin d'étudier la composition des grains ou d'autres tests sanitaires rudimentaires (voir p. 143). Le GEVES vérifiera la qualité des grains.

Le public peut ainsi être leurré, persuadé que les expérimentations servent à se prémunir des effets indésirables sur la santé et l'environnement, alors que la majorité des essais en champ préparent la commercialisation des OGM. Il y a d'ailleurs eu nombre de discussions et débats pour savoir si ces hybrides devaient être considérés comme des nouveaux OGM. Certains auraient sans doute préféré que l'appellation disparaisse…

Les différentes générations d'OGM

Les OGM sont plus ou moins « proprement fabriqués », comme disent les biologistes moléculaires. Les premiers OGM ayant fait l'objet d'une autorisation et d'une commercialisation à grande échelle sont les OGM dits de première génération, parmi lesquels figurent les plantes à pesticides, tels les maïs Bt (notamment le maïs Bt 176 de Novartis). Ces premiers types d'OGM, dont les résidus se sont retrouvés dans l'alimentation, correspondent surtout à des constructions génétiques rudimentaires ou brouillons génétiques avec gènes marqueurs, notamment de résistance aux antibiotiques, plasmides entiers et séquences de virus (constructions synthétiques insérées souvent plusieurs fois et aléatoirement dans les chromosomes de la plante). C'est plus récemment que Monsanto a admis qu'un de ses sojas génétiquement modifiés tolérant le Roundup (herbicide total *) contenait deux fragments de transgènes supplémentaires inactifs et imprévus [1]. La présence de ces transgènes n'est pas sans risque : ils peuvent perturber le fonctionnement du génome de la plante et aboutir à la production de toxines. Le seul examen théorique (non expérimental) exigé avant la commercialisation est donc insuffisant.

1. *The Guardian*, 31 mai 2000.

Par contre, l'avenir (d'ici une, deux, voire trois décennies ?) pourrait nous apporter de nouvelles variétés d'arbres fruitiers, d'animaux, de légumes, ou de micro-organismes ajoutés aux aliments, provenant de variétés OGM dites « Sage » (Sans addition de gène extérieur) ; certains, sans hésiter, proposent d'ores et déjà de les déréglementer lorsqu'elles verront le jour. Le principe est d'enlever un gène puis de le réintroduire à la même place chromosomique, après l'avoir muté pour lui conférer une propriété nouvelle. Il s'inspire du processus de la maladie génétique en l'inversant : si la mutation d'une seule base au sein d'un seul gène peut provoquer une maladie grave, un changement dans un site actif de protéine pourrait conférer l'avantage recherché par l'industriel. Un concept attrayant certes, mais qui risque de n'avoir que quelques applications limitées car la plupart des caractères intéressants sont multigéniques *, donc dépendent de plusieurs gènes. Les interventions nécessaires sur plusieurs gènes seront alors non seulement difficiles à prévoir – où intervenir ? –, mais aussi très délicates à réaliser. Le génome est un réseau sensible. Imaginer la mutation requiert de très bien connaître la structure et le fonctionnement de la protéine en jeu, et nous en sommes loin pour la plupart des protéines.

Si l'on ajoute à ces grandes précautions techniques des avantages durables pour l'acheteur et la société, on pourrait même parler d'OGM de dernière génération. Afin d'éviter les risques de dissémination dans l'environnement ou les utilisations intempestives – surtout si les organismes obtenus ont des avantages compétitifs sur les autres variétés –, on les associera à des systèmes de stérilisation biologique contrôlables… Ces méthodes, apparentées à Terminator, s'avèrent bien plus tranchantes que des brevets, car elles vont plus loin que la stérilisation « juridique », et font l'objet de lourdes discussions aux enjeux éthiques et économiques.

Entre ces deux extrêmes, nous avons toutes les variétés d'aujourd'hui, de demain et d'après-demain. À l'image de séries de voitures de plus en plus sophistiquées, il faudra de nombreuses générations avant d'en arriver aux OGM Sage. Compte tenu des demandes d'expérimentations actuelles et des temps de croisements avec les variétés les plus performantes, ils ne pourraient être majoritaires avant plusieurs décennies.

Il n'existe pas de définition consacrée des générations, celle-ci variant selon les points de vue. Pour les biologistes moléculaires, il s'agit de mettre au point des OGM sans gènes marqueurs, sans séquences virales, avec des promoteurs plus adaptés (issus de l'organisme receveur lui-même), et s'exprimant seulement dans les tissus choisis d'une plante – ce qui permet, dans certains cas, d'éviter une toxicité –, voire seulement en cas d'attaque parasitaire. Pour les industriels qui veulent prévenir les problèmes environnementaux et le piratage, il s'agit de développer des OGM stériles. Ainsi la firme Syngenta (fusion d'AstraZeneca et de Novartis) contrôlait en 2001 les brevets d'au moins six méthodes de stérilisation des plantes, du type Terminator. Mais il y a plus perfide : la technologie « Traitor » se développe chez les industriels ; il s'agit d'un Terminator doux : les plantes ne sont pas rendues stériles – cela avait provoqué un tollé médiatique – mais leur système immunitaire est déficient. Leur santé est restaurée, selon le même principe que Terminator, par l'application externe d'un produit chimique vendu séparément. C'est le « contrôle du trait génétique » chez les OGM « GURTs » (pour « utilisation génétique restreinte »). Ce système peut en théorie limiter le fonctionnement de n'importe quel gène intéressant dans un organisme, et être transmissible.

Afin d'améliorer l'image des OGM auprès du consommateur, on conférera à certains un avantage-produit, mais ces OGM alicaments * resteront un luxe (une « niche » de consommation) que les nutriments actuels, les ajouts dans les aliments diététiques, la diversification des cultures ou des modes de consommation remplaceraient facilement.

L'industrie agricole attend les OGM à croissance accélérée et ceux adaptés à l'environnement, c'est-à-dire ceux résistant d'abord à certaines maladies, puis ceux résistant au stress hydrique, au temps sec donc (et non à la sécheresse véritable, comme on se plaît à dire en exagérant) et au froid (probablement pas le vrai gel durable). Tous les observateurs avertis, y compris les chercheurs du domaine, savent qu'il y a de fortes probabilités pour que les résultats de ces futures obtentions soient plus médiocres en efficacité que les variétés localement adaptées. En effet, dès que l'on s'attaque à des caractères complexes des êtres vivants, qui sont sous la dépendance corrélée de nombreux gènes (et donc inaccessibles aux méthodes actuelles, précédemment décrites), les résultats sont potentiellement difficilement maîtrisables, et risquent d'être obtenus au détriment d'autres caractéristiques de la plante. C'est le principe d'équilibre entre les grandes fonctions d'un organisme qui régit cela.

Les industriels attendent la résolution de problèmes de transformation alimentaire (extraction d'amidon ou d'huile) et d'aides à la production d'énergie (colza enrichi en certains types d'acides gras) ou à la production textile (le coton de différentes couleurs, par exemple). Ce type d'OGM commence d'ailleurs à voir le jour. Tout comme il ne peut y avoir de séparation franche entre les générations, certaines propriétés seront bien sûr combinées.

Si les OGM avec gènes marqueurs, y compris ceux de résistance aux antibiotiques (tronqués ou non), ont représenté depuis le départ une proportion significative des expérimentations développées en champ, cela signifie que ces variétés sont toujours susceptibles d'être mises sur le marché (même si certains industriels déclarent s'en passer déjà) : leur commercialisation fera l'objet d'un moratoire ou sera autorisée à l'avenir dans les pays permissifs.

III. DE LA RECHERCHE À L'ARMÉE : LES OGM EN QUESTION

Il existe une infinité de combinaisons possibles de gènes artificiels différents dans des organismes, et nous manquons de banques de données internationales officielles sur les OGM effectivement réalisés, surtout expérimentaux. Pour donner plus de transparence aux échanges d'OGM, 130 pays ont rédigé un protocole international, dit de Carthagène, en janvier 2000 : il promeut l'identification des organismes vivants génétiquement modifiés afin que chaque État puisse décider en toute connaissance de cause et selon ses propres critères environnementaux d'importer ou non certains OGM. Il est entré en vigueur en 2003 et a été adopté par 86 nations en 2004 (dont les pays de l'Union européenne et à l'exclusion des États-Unis et du Canada).

S'il n'est pas envisageable de dresser une liste exhaustive des OGM existants, nous pouvons donc nous en approcher pour les pays industrialisés où les demandes d'expérimentations et les déclarations internationales de commercialisation deviennent obligatoires. En outre, d'après les brevets exploités, les publicités dans les revues scientifiques de ces produits high-tech chers, donc à valoriser, et les recherches des laboratoires de dosages, on peut établir les catégories que nous présentons ici.

Nous considérerons tout d'abord le domaine de la recherche, puis les objectifs commerciaux qui touchent de plus près la vie du citoyen : l'agriculture, l'alimentation, la médecine, l'énergie, le textile, les matériaux et l'emballage, l'environnement bien sûr et, enfin, l'armée.

Excepté pour la recherche, nous traiterons en priorité des OGM destinés à la « dissémination volontaire dans l'environnement », donc à la commercialisation. Il s'agit essentiellement de plantes, mais des animaux sont actuellement en phase d'élaboration. Nous traiterons des micro-organismes pour l'alimentation, développés ou en cours de développement.

La recherche : fondamentale ou appliquée ?

Le terme « recherche » recouvre un amalgame. C'est la recherche fondamentale qui a réalisé les premiers micro-organismes génétiquement modifiés ou MGM – expérience fondatrice du génie génétique (voir p. 197). Et c'est elle qui a fait le lit des OGM agricoles, les principaux OGM commercialisés. Pourtant, la recherche fondamentale ne se préoccupe pas des applications industrielles, à la différence de la recherche appliquée, mais elle les permet.

Autre différence, essentielle : la recherche fondamentale utilise des techniques de pointe pour s'adapter à chaque question. Elle est mise en place par des chercheurs ou des enseignants-chercheurs. La recherche appliquée attend d'autres bénéfices que la connaissance, et pour atteindre efficacement ce but, elle utilise de préférence des techniques ou méthodes déjà largement éprouvées par la recherche fondamentale. Aussi ses techniques sont-elles plus pratiques, plus rapides ou moins chères, et font-elles davantage appel à la routine et à un travail déjà mis au point. Rappelons quelques modalités du processus de conception des OGM agricoles : le bombardement d'ADN n'est pas précis, les gènes marqueurs de résistance aux antibiotiques sont les plus communs (pas les moins nocifs) dans les laboratoires de base. On est pourtant aujourd'hui capable de s'en passer. Quant aux promoteurs ou aux gènes d'insecticides, ils sont presque toujours de la même famille. Ainsi, les semenciers se copient, se recopient et se re-recopient, se piratent, s'attaquent en procès, puis fusionnent...

En recherche fondamentale, on ne lit pas d'articles de haute volée décrivant la mise au point d'un OGM qui comporterait les séquences non nécessaires dont sont lourdement affublés les premiers maïs transgéniques commercialisés [1]. Pour la recherche appliquée, peu importe que ces maïs soient issus de constructions génétiques primitives : si les plantes sécrètent de l'insecticide et que le résultat visé par l'industriel est obtenu en champ et à court terme, l'application est réalisée, et de nombreuses variétés ayant un patrimoine génétique intéressant pour les agriculteurs seront hybridés avec cet OGM.

Ainsi, alors qu'aujourd'hui la recherche est de plus en plus financée par l'industrie grâce à des contrats à court terme qui fixent des objectifs précis à atteindre, la frontière entre ces deux types de recherche s'estompe nettement. Par exemple, le projet Génoplante, lancé en 1999, rassemble autour d'un budget initial de 200 millions d'euros sur cinq ans 400 chercheurs du secteur public (INRA, CIRAD, IRD, CNRS) et du secteur privé (Biogemma, Bioplante, Aventis Cropscience). La confusion entretenue tend à obscurcir certains arguments du débat scientifique et médiatique, notamment ceux concernant le prétendu progrès technique.

1. Plusieurs plasmides dans plusieurs sens portant chacun trois transgènes, dont deux marqueurs.

À côté des mouches drosophiles, des insectes, du batracien Xénope, d'*Arabidopsis*, du tabac, ou de la bactérie *Escherichia coli*, qui servent de modèles génétiques pour étudier le développement de l'organisme et le fonctionnement des gènes, les mammifères transgéniques les plus utilisés par la recherche fondamentale sont les souris de laboratoire. Elles sont proches de l'homme physiologiquement et génétiquement, et s'élèvent bien.

Quelques années après la mise au point des premières souris transgéniques (1980) [1], puis des premiers tabacs transgéniques (1983), au moment où l'on commençait à modifier les plantes pour étudier les gènes de la photosynthèse *, l'université américaine d'Harvard breveta le premier mammifère (1988), une souris OGM avec un oncogène *, baptisée *oncomouse*, et commercialisée auprès des laboratoires par la société Du Pont de Nemours. Mise au point pour servir de modèle dans l'étude du cancer, elle est aujourd'hui dépassée par des souris bien mieux adaptées aux besoins spécifiques : les chercheurs du monde entier se sont mis à concevoir et « fabriquer » des souris OGM pour continuer à décortiquer les rôles et les régulations des gènes. Chaque gène découvert et impliqué dans une fonction potentiel-

1. Gordon *et al.*, *Proc. Natl. Acad. Sci. USA*, n° 77, 1980, p. 7380-7384.

lement importante chez les animaux ou les plantes est aussitôt inactivé par un processus faisant appel à la transgenèse, ou bien utilisé comme transgène ; ces techniques permettent de vérifier le rôle du gène ou sa régulation, ne serait-ce qu'au sein de bactéries. Mais, indéniablement, les OGM les plus courants de la recherche fondamentale sont les bactéries, outils à amplifier tout ADN.

Citons quelques résultats originaux. Le premier, que la communauté scientifique a mis longtemps à croire, a été obtenu dans mon domaine de recherche (les relations entre les hormones de la reproduction et le cancer) grâce à la transgenèse. On a démontré le rôle crucial des hormones dites femelles, ou estrogènes, chez les mâles. Ces substances s'avèrent essentielles, notamment pour l'ossification et la reproduction. On a retiré chez des souris transgéniques mâles la fonctionnalité d'un gène permettant l'action des estrogènes (codant pour le récepteur alpha[1] des estrogènes). Ainsi les mâles ne peuvent se passer des femelles, ni de leurs hormones ! Cette technique est dite de *knock-out* ou K-O des gènes, comme en boxe. Réalisée par transgenèse, en mutilant les gènes ou en y introduisant des séquences qui les interrompent, elle offre actuellement les vérifications les plus incontestables aux hypothèses échafaudées

1. Hess *et al.*, *Nature*, n° 390, 1997, p. 509-512.

sur les rôles des gènes. Le K-O est une méthode communément utilisée en génétique moléculaire, et dont on a tiré des conséquences importantes pour la compréhension de la physiologie.

Encore plus surprenant : mis au point par l'INRA afin de mieux visualiser ses ovules et faciliter la technique du clonage, un lapin transgénique fluorescent fait l'objet de débats éthiques et artistiques animés. Un artiste le défend âprement, invoquant un « art transgénique » dans des revues d'esthétique ! Le lapin, qui se nomme Alba, a ainsi ouvert les frontières de la recherche [1]… Un poisson d'aquarium OGM fluorescent, né début 2004 aux États-Unis, connaît la même gloire [2].

Mais en recherche appliquée, les travaux les plus sérieux et les plus avancés développent des techniques d'études de régulation des gènes, de remplacement précis de certains gènes, et des méthodes qui empêcheraient que les transgènes soient transmis par le pollen [3]. De même, des connaissances récentes permettent de développer des marqueurs moléculaires qui s'accrochent aux gènes et les reconnaissent (comme les amorces pour la PCR) :

1. *Revue d'esthétique*, n°39, 2001, p. 67-68 ; www.ekac.org

2. Ces OGM ne sont pas autorisés à être disséminés dans l'environnement.

3. Les transgènes seront alors non nucléaires, portés par les chloroplastes * ou les mitochondries.

cette technique permet d'accélérer grandement le tri des variétés agronomiques les possédant – elles étaient auparavant sélectionnées plus lentement, d'après les caractères visibles qu'elles présentaient une fois cultivées. L'utilisation des biotechnologies pourra donc servir la conception de variétés végétales précises sans pour autant créer des OGM [1].

La recherche est-elle retardée par le moratoire ? par les arrachages de cultures expérimentales ?

La question mérite d'être soulevée. Précisons que le moratoire sur les OGM n'a aucunement porté sur la recherche en Europe, qui demeure bel et bien financée par les autorités. De leur côté, les expérimentations en champ n'ont vocation, dans leur immense majorité, ni à étudier les risques, ni à apporter des connaissances nouvelles : ce sont des tris agronomiques et des croisements d'OGM avec des variétés de plantes intéressantes, en vue de créer éventuellement un nouveau produit destiné à la commercialisation. Les scientifiques qui conduisent ces expérimentations en champ ne cherchent ni à mesurer les disséminations éventuelles qu'elles provoqueraient ni à fournir les outils nécessaires à une telle mesure (à des laboratoires indépendants, par exemple). En revanche, l'investissement financier des sociétés industrielles dans ces travaux varie, et ce en fonction de la permissivité des pays. Et les biotechnologies, globalement, nécessitent plus de fonds qu'elles n'en rapportent. Les subventions publiques contribuent aux investissements.

1. Lepetit, *L'Usine nouvelle*, n° 2899, janvier 2004, p. 50-52.

La production agricole et le rêve caché des transnationales

Évidemment, la plupart des OGM destinés à l'alimentation ne modifient pas la valeur alimentaire, mais seulement le traitement agricole du produit (voir fig. 4, p. 76). Savoir quels sont les OGM développés pour la production agricole utilisant les pesticides, et comprendre pourquoi précisément ceux-là, permet de saisir un enjeu de taille. Tout d'abord un peu d'histoire sur les règles de l'art.

Les agriculteurs, pour cultiver, percevoir des subventions de soutien et commercialiser leurs récoltes sur une échelle importante, *doivent* acheter leurs semences à un catalogue, dit officiel en Europe. Les semenciers ont pour rôle de sélectionner les plus performantes, et ils vantent les caractéristiques d'une variété autorisée. Les compagnies semencières (transgéniques ou non) sont souvent des grands groupes tels Novartis (devenu Syngenta), Monsanto, Rhône-Poulenc ou Aventis, BASF, Du Pont de Nemours, Agrevo, Zeneca, ou leurs filiales, ou des compagnies associées. On peut noter parallèlement qu'en 1998 les sept premiers vendeurs de pesticides dans le monde étaient : Novartis, Monsanto, Rhône-Poulenc, Du Pont de Nemours, Agrevo, Zeneca et Bayer.

Nous avons vu que les nouvelles variétés élites du catalogue ont été croisées plusieurs fois en quelques années avec les OGM, et sont donc devenues, selon le règlement en vigueur, transgéniques. Ces hybridations sont destinées à conserver le caractère « élite », tout en intégrant la propriété de l'OGM. Progressivement, d'excellentes variétés deviennent OGM sous d'autres noms : le maïs Pactol devient Pactol Cb, Dahir devient Benji et Bahia, Garonna (variétés OGM acceptées, par exemple, en Europe, en août 1998). Une dizaine de variétés commercialisées contiennent au moins le gène insecticide et celui de résistance à un antibiotique et dérivent donc de ce que l'on appelle un événement de transformation. Le maïs Bt 176 Novartis (ou Cb) en est un exemple. À chaque fois, le « fond » génétique global de la plante est différent, mais les discours simplificateurs assimilent tous les maïs au même.

La réalité va plus loin : les variétés devenues OGM se trouvent mieux protégées commercialement que les variétés normales. De fait, comme nous l'avons vu, grâce au gène artificiel introduit, elles sont brevetées. Tout se passe donc comme si l'ensemble des gènes de ce maïs appartenait alors à une société et devenait ainsi une invention protégée. Certes, le brevet pourrait être déposé mais ne plus être considéré comme valable en cas de reproduction naturelle des gènes dans des organismes vivants, afin de ne pas privatiser la vie. Une directive contraire est pourtant parue en Europe (98/44). Plus personne ne peut reproduire les semences sans payer les droits de brevet, qui restent applicables au-delà de l'existence commerciale de la variété.

Aux États-Unis, dès 1999, plus de 250 procès ont été intentés[1] contre Monsanto par les agriculteurs dépossédés de leur droit le plus naturel : replanter leur récolte. En mai 2004, le plus célèbre de ces litiges a opposé la société Monsanto à un agriculteur canadien, Percy Schmeiser, qui a perdu par 4 voix contre 5 à la Cour suprême. L'entreprise lui reprochait d'avoir fait pousser des semences de colza (canola tolérant à un herbicide) qu'elle avait fait breveter, sans les avoir achetées, sans avoir demandé l'autorisation de les exploiter ni s'être acquitté des droits de brevet. Percy Schmeiser soutenait qu'on ne pouvait revendiquer un droit de propriété sur les composants de la vie, et clamait au contraire que ce canola avait contaminé ses champs et causé sa faillite. Des plantes tolérantes à un herbicide repoussent en dépit de la présence du produit : or l'agriculteur disait avoir utilisé cet herbicide pour nettoyer ses bordures afin de protéger sa récolte !

En effet, la résistance des OGM au désherbant facilite les cultures intensives à court terme, mais

1. C. Vanlerberghe, *Le Figaro*, 12-13 juin 1999, p. 13.

pas celles des variétés normales. La fameuse firme Monsanto peut vendre la semence, ou le brevet sur la semence, par contrat, lequel exige au passage l'usage du seul désherbant Roundup. Ce qui permet de prolonger la vente de l'herbicide en question, un des plus prisés au monde, dont le brevet était tombé dans le domaine public. En revanche, pour vendre l'herbicide Liberty, Agrevo va jusqu'à offrir l'OGM tolérant – à croiser avec des variétés locales. C'est le kit commercial semence-herbicide brevetés.

Les procès font leur apparition en Europe, où quatre cents brevets sur semences ont été accordés jusqu'en 2004. Les compagnies Bayer et BASF sont détentrices de près de la moitié des brevets déposés : l'un d'entre eux, datant de 1993 et concernant des plantes tolérantes au Basta, fut attaqué par l'organisation écologiste Greenpeace. L'Office européen des brevets à Munich l'a pourtant confirmé en juin 2004, arguant du fait que la problématique devient la même partout dans le monde.

Enfin presque. À cela près qu'en Europe, les semenciers demandent de plus en plus aussi l'inscription de ces variétés OGM pour cultures au catalogue officiel, qui n'existe pas en tant que tel ailleurs. Un ministre de l'Agriculture accepte en général la requête (sauf pendant le moratoire) après des tests agronomiques conventionnels menés par exemple par le GEVES en France. Les semenciers participent d'ailleurs au conseil d'administration du GEVES. La directrice du GEVES est aussi directrice de recherche à l'INRA et membre de la CGB. L'inscription d'une nouvelle variété au catalogue d'un pays d'Europe conduit *de facto* à l'inscription au catalogue européen (somme des catalogues nationaux). L'homologation de nouvelles variétés OGM va d'ailleurs grandissant, même si les premières ne se vendent pas du tout (voir fig. 5, p. 78).

Pourquoi développer sans cesse les variantes chères d'un produit qui ne marche pas ? En théorie, on ne supprime rien du catalogue, mais les anciennes variétés se trouvent progressivement dépassées ou à peine disponibles, à l'image de certains livres chez les éditeurs. De l'art de contrôler la composition du catalogue officiel... Le risque de voir se répandre les OGM en Europe niche d'ailleurs là. Depuis 1998, les variétés autorisées s'y cultivent très peu étant donné les réticences de tous les acteurs de la filière, à commencer par des scientifiques qui élèvent leurs voix partout dans le monde[1], parlant de mauvaise science au sujet des OGM tels qu'ils sont réalisés et évalués pour le commerce agricole. Il est probable que la levée du

1. Voir notamment les sites de l'ISIS et du CRII-GEN (p. 225).

Figure 4. Caractères des OGM disséminés dans l'environnement

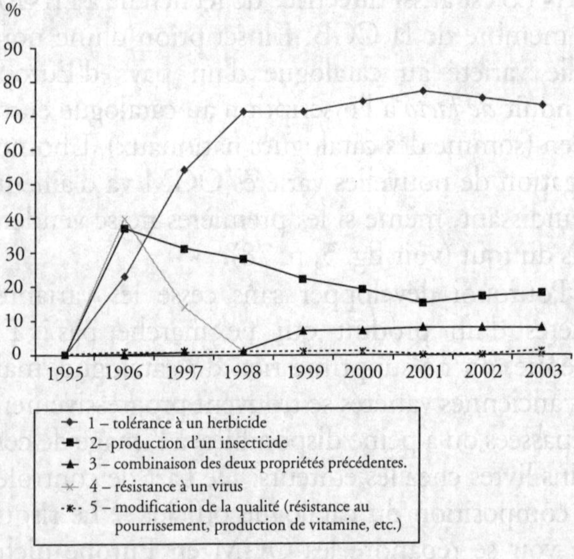

Au début du XXIe siècle, les OGM commercialisés et diffusés dans l'environnement sont essentiellement des plantes. Les cultures commerciales commencent timidement en 1995 et ne représentent que quelques pour cent des surfaces arables mondiales [1]. Dès 1997, les plantes tolérant un herbicide (le Roundup pour la majorité d'entre elles) deviennent les principaux types d'OGM cultivés, tandis que le pourcentage des plantes produisant un insecticide diminue. Les OGM présentant l'un des trois autres caractères ne se sont pas développés de manière significative, du fait de leur faible efficacité ou rentabilité. D'ailleurs, tout OGM possédant un nouveau caractère ne pourrait se répandre que lentement.

1. Voir l'ouvrage passionnant de H. Kempf, *La Guerre secrète des OGM*, Seuil, 2003.

moratoire européen autorisant des OGM de première ou seconde génération ne change pas sensiblement cette situation. Mais lorsque, dans quelques années, les variétés les plus cultivées seront disponibles essentiellement au catalogue dans leur version OGM, les agriculteurs n'auront que peu de choix, et les détenteurs des brevets sur ces semences posséderont les droits de reproduction des maïs riches, de toutes les céréales et de toutes les légumineuses brevetées... De quoi dominer l'agriculture mondiale. D'autant que les semenciers sont en petit nombre et vont sans doute le demeurer.

Sachant que quatre plantes – soja, maïs, blé, riz – constituent plus de 50 % de l'énergie alimentaire mondiale, le flux international des céréales servant de base à l'alimentation des animaux et des hommes se trouverait donc contrôlé par le droit de reproduction des graines. Un marché supérieur en promesses à ceux de l'armement, de la pharmacie ou de la communication, puisque dans les pays riches et pauvres on doit manger avant que de s'armer, s'habiller ou se soigner, et qui conférerait un pouvoir économique et stratégique considérable – peut-être le plus grand pouvoir jamais atteint dans l'histoire de l'humanité si le principe fait mouche et si les OGM prennent racine dans les pays développés, où l'on mange trois fois par

Figure 5. Nouvelles variétés en attente

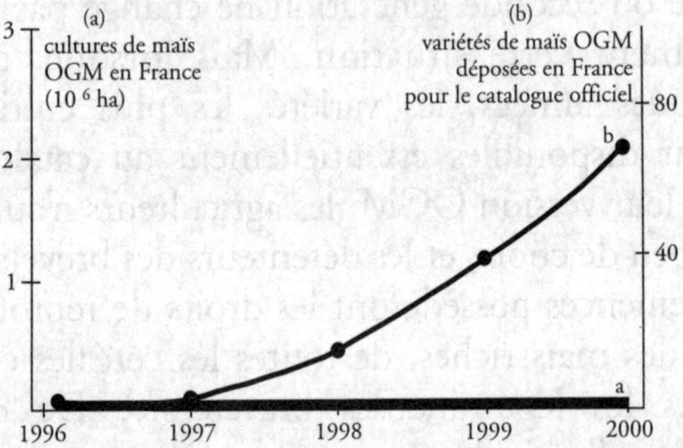

Figure historique de la naissance des OGM en Europe. La France est le premier pays qui a demandé à l'Europe l'autorisation de cultiver des maïs transgéniques, et elle a été sur les dix premières années leader des expérimentations. Les variétés commerciales de maïs OGM qui pourraient être cultivées n'ont pas de succès auprès des agriculteurs (courbe a). Dans le commerce, il n'est pas habituel de produire des dizaines de variantes d'un produit qui ne se vend pas. Cependant, même si leur nombre stagne, de nouvelles variétés OGM sont en cours de préparation (une centaine en 2003) malgré le moratoire de fait, et sont en attente pour être inscrites au catalogue officiel (courbe b). Signe de précipitation, de sage mise en place du futur, ou de colonisation progressive du catalogue par des variétés OGM ?

jour. Une poignée de compagnies pourraient décider quels seraient les pays ou les ensembles autorisés à monopoliser certaines grandes cultures dans le monde, en adaptant les variétés et les cours de Bourse des céréales.

Deux produits agricoles entrent pour beaucoup dans la composition des aliments du bétail et des hommes : le soja et le maïs. Du premier on extrait la lécithine et du second l'amidon, pour en faire les additifs communs des petits pots pour bébés, biscuits, bonbons, sauces, plats préparés, viandes hachées, chips, glaces, colorants, boissons sucrées, etc. – c'est-à-dire environ 70 % des produits transformés – et des médicaments[1]. Cet enjeu explique la précipitation, laquelle multiplie les risques sanitaires.

Les compagnies américaines et surtout les multinationales déjà citées détiennent plus de 70 % des brevets mondiaux concernant les OGM[2]. Parmi elles, une poignée de grosses industries qui fusionnent, et dont Monsanto est devenu le fleuron[3], commercialisent des brevets dont 91 % au moins, semble-t-il, leur appartiennent, que ce soit directement ou par l'intermédiaire de leurs filiales. À la fin des années 1980, cette société, au quatrième rang des groupes chimiques américains, s'est brusquement tourné vers les plantes *high tech* en prévoyant tout : la réglementation qui ne rend pas obligatoires les tests systématiques de plantes

1. L'huile de soja est utilisée dans des produits pour nutrition par voie parentérale, l'amidon de maïs dans des comprimés. Voir le dossier de C. Olivier dans *Le Moniteur des pharmacies*, n° 2356, 10 juin 2000, p. 19-25.

2. *Cf.* « Des milliards de dollars », *Le Figaro*, 24 juin 1999, p. 13.

3. Voir J.-M. Pelt, *La Terre en héritage*, Fayard, 2000.

OGM sur les mammifères, les brevets sur le vivant, alors formellement interdits, et, pour couronner l'ensemble, la non-obligation de l'étiquetage. En prévoyant tout, sauf de devenir un tel symbole d'arrogance, disent certains journaux[1].

En 2000, aux États-Unis[2], les variétés OGM représentaient le tiers des variétés de maïs proposées sur le marché et la moitié des variétés de soja ; 90 % d'entre elles sont tolérantes au Roundup, l'herbicide phare de Monsanto. C'est ainsi que les brevets sur les plantes et les animaux transgéniques, donc sur la reproduction des sources alimentaires, impliquent bien plus de conséquences sociales et de risques que les brevets sur les gènes humains (voir l'encadré ci-après). Ceux-ci servent surtout à breveter de nouveaux médicaments, mais les médicaments sont déjà des produits brevetés, donc chers. C'est la raison pour laquelle les pays pauvres en manquent, tout comme ils pourraient manquer plus encore de nourriture si l'on protège les OGM par des brevets.

Les OGM dits de « première génération », destinés à la production agricole dominante, et servant au passage à breveter la base de l'alimentation, constituent donc, et pour longtemps, le véritable enjeu.

1. *Le Monde*, 8 octobre 1999, p. 20.

2. *Agrafood Biotech*, 31 juin 2000, et Commission européenne.

Les brevets sur les sources alimentaires

Noëlle Lenoir, alors présidente du Groupe européen d'éthique de l'Union européenne et membre du Conseil constitutionnel, soulignait dans *Le Monde* du 28 juin 2000, à la suite du séquençage du génome humain, les trois risques principaux liés aux brevets pris sur les gènes humains :

« 1° Certains laboratoires peuvent mener des stratégies industrielles (voire boursières) étrangères aux impératifs de l'accès au progrès médical (dans le cas que nous discutons, il s'agira de l'accès à la nourriture).

2° La valorisation économique d'éléments humains peut modifier le rapport que l'individu entretient avec son propre corps. (Pour les brevets sur le droit de reproduction des semences et des animaux, les rapports aux archétypes sociaux et culturels millénaires, et au vivant, seront modifiés, ainsi que le droit de replanter librement dans le monde le grain récolté ou l'animal élevé ; même si l'agriculture industrielle canalisait déjà cela, le verrou devient bien supérieur.)

3° La mise à l'écart des pays pauvres des biotechnologies et des brevets.

Ces trois arguments sont valables, mais plus graves pour le brevetage des gènes végétaux et animaux que pour celui des gènes humains. Notre anthropocentrisme fait porter un moratoire et des avis gouvernementaux sur l'interdiction de brevets sur les gènes humains, mais cette bonne idée cache la forêt par où l'on entre dans une société considérablement nouvelle, avec, comme l'indique Jean-Pierre Berlan, "un privilège sur le vivant" [*Le Monde*, 27 juin 2000]. »

Parmi eux, on trouve les plantes à pesticides (99 % des OGM cultivés dans le monde) et 1 % de plantes censées résister à certaines bactéries, champignons ou virus[1], qui appartiennent à ce qu'on pourrait appeler une nouvelle génération. Mais ils ne peuvent constituer une réussite agronomique fondamentale puisque les micro-organismes mutent toujours plus vite que les végétaux. La non-imbibition des végétaux par les pesticides, l'équilibre minéral et nutritionnel du terroir, dont dépend la vigueur des plantes, sont sans doute les facteurs les plus importants pour éviter leur fragilisation.

La prédominance actuelle des plantes à pesticides était prévisible puisqu'elle résulte des tests en plein champ des dix dernières années. La connaissance des essais en cours et de leurs motifs fournit une bonne indication de ce que sera l'avenir. Ainsi, en France, pays leader en Europe

1. Par exemple, il existe au niveau expérimental un tabac résistant au phytoplasme du stolbur, des colzas résistant à des champignons, un caféier résistant à la mineuse des feuilles, une pomme de terre résistant au mildiou ou à des virus, des maïs résistant aux champignons de type *Fusarium*, etc. Au bout du compte, toutes ces plantes résistent ou plutôt tentent de résister à une génération de parasites, qui peuvent rapidement muter ou laisser place à d'autres.

depuis le début pour prêter ses surfaces [1] (mais les multinationales testent les mêmes plantes à peu près partout dans le monde pour pouvoir les hybrider avec les variétés des terroirs locaux), la répartition des essais, de 1998 à 2000, était la suivante : 55 % de plantes à herbicides, 15 % de plantes à insecticides, 7 % combinant les deux caractères, et 5 % de plantes censées résister à certains virus ou champignons, soit un total de 82 %. Cela indique assez ce qu'il en sera du profil des commercialisations au cours des dix prochaines années. Il faut en effet une à deux décennies au moins pour commercialiser une semence génétiquement modifiée de manière significative, c'est-à-dire pour qu'elle représente environ 1 % des cultures d'OGM au niveau mondial. Notons au passage que la plupart des expérimentations sont menées par Monsanto, Novartis et Agrevo.

Un tel chiffre justifie largement que l'on se penche sur ces OGM commercialisés que sont les plantes à pesticides, et que l'on cherche à comprendre leurs stratégies d'efficacité, leurs avantages et leurs risques. Rappelons que les

1. Même si la tendance s'inverse à cause des réactions scientifiques, paysannes, écologistes et sociales en général. Toutes les parties font en effet d'abord appel aux scientifiques afin de comprendre un tel sujet et d'en débattre.

pesticides comprennent surtout trois grandes familles de produits : insecticides, herbicides et fongicides.

Pour ce qui est des caractères transgéniques, les végétaux se répartissent globalement en trois catégories, réunies sous le terme de « plantes à pesticides » :

1. Environ un tiers de plantes produisent artificiellement un insecticide (sous la forme d'une protéine nouvelle) dans leurs cellules, lequel est destiné à lutter contre un insecte précis, voire une ou deux familles d'insectes. Il s'agit des plantes-insecticides. La biologie ne fonctionnant pas sur le système du tout ou rien, ces végétaux deviennent, selon les variétés, plus ou moins résistants à une famille particulière d'insectes, appartenant généralement aux principaux prédateurs de la plante. La pyrale du maïs en est un exemple : les larves de ce papillon lépidoptère se nourrissent de la plante. Les maïs Bt ont donc été conçus pour lutter contre les dommages de la pyrale en l'empoisonnant.

La notion de plante-insecticide est à la fois plus juste et plus scientifique que l'appellation conventionnelle « plante résistante aux insectes », qui laisse supposer que la plante est toujours bien résistante (ce qui sera à vérifier lors des expérimentations, et dépendra des conditions de culture ou du climat, et du patrimoine génétique de la population d'insectes présente cette année-là).

Cette dernière expression pourrait aussi laisser croire que la plante est résistante aux insectes en général, ce qui est faux. Une autre population d'insectes, qui n'a jamais été sensible à l'insecticide en question, par exemple des coléoptères du type *Diabrotica*, très présents aux États-Unis, se régaleront de cette culture et se développeront sans être gênés par les dévastateurs habituels. La nature a horreur du vide.

Sur le court terme, faire produire un insecticide par la plante devrait permettre de répandre moins d'insecticide chimique sur le champ. Avantage indéniable sur le moment, chacun en convient, reconnaissant par là même la toxicité des insecticides chimiques utilisés jusque-là sans sourciller… Hélas, c'est aussi un des moyens les plus rapides pour rendre les prédateurs visés résistants à moyen terme – surtout si la stratégie est beaucoup employée. La probabilité d'une mutation au sein d'une population nombreuse est plus qu'envisageable, mutation qui conférerait à l'insecte la capacité de dégrader la protéine insecticide ou de rendre son action métabolique impossible. Certains insectes se trouveraient ainsi progressivement « immunisés ». Il peut prendre bien plus de temps aux générations d'insectes pour savoir se défendre contre un mélange chimique, car, finalement, les résistances se développent contre tous les produits phytosanitaires.

Ainsi, la stratégie choisie par les compagnies est moins durable que l'action des produits de synthèse, et n'évite pas le recours aux insecticides chimiques, bien au contraire. Elle peut simplement les réduire momentanément, mais certainement pas mieux qu'une agriculture durable ou biologique. Les compagnies le savent et préconisent d'ailleurs de réaliser systématiquement des zones de plantations sans OGM-insecticides (aux États-Unis surtout, où ces cultures sont nombreuses). Dans ces zones dites « refuges », situées autour du champ, les insectes peuvent aller se reproduire avec des populations qui n'ont pas été en contact avec le produit. Ainsi, la résistance génétique sera diluée par les croisements ! Savante difficulté pour l'agriculteur, remède tout théorique et remis en question, voué à l'insuccès du fait des problèmes de gestion qu'il pose. D'autant que personne ne s'accorde sur le pourcentage de surface qui doit être alloué à la zone refuge qui borde la culture OGM. Tout cela n'est pas pour déplaire à la plupart des compagnies, qui portent une double casquette : vendeurs de pesticides et semenciers.

Une précision supplémentaire : les insecticides produits par les OGM proviennent dans 80 % des cas des mêmes gènes tronqués de la famille Cry, adaptés de la bactérie du sol *Bacillus thuringiensis*, véritable réservoir naturel d'insecticides. Du fait du raccourcissement ou des modifications du gène, les plantes OGM ne sécrètent pas à proprement parler le même insecticide que les bactéries (voir fig. 6, p. 89), ce qui aurait dû justifier qu'on effectue une évaluation toxicologique propre. Existe-t-il une solution aux développements incontournables de résistances ? Changer régulièrement d'OGM-insecticide, rien de tel pour garder le marché captif au moyen des brevets… Faire sécréter par un même OGM deux ou trois insecticides différents ? Cela ne manquerait pas de favoriser des résistances croisées, plus graves encore. On ne connaît pas bien les cibles de ces substances dans l'organisme des insectes.

Enfin, certains observateurs voient d'un œil favorable ce type d'OGM, parce que leur insecticide (qu'ils croient à tort naturel[1]) est constitué par une protéine. Selon eux, il devrait être *a priori* moins toxique que certains pesticides chimiques. Cela reste encore à vérifier : rappelons seulement que le prion incriminé dans des maladies nerveuses comme les encéphalopathies n'est qu'une protéine, que de nombreuses hormones en sont, tout comme certains venins.

1. Le caractère « naturel » ne garantit de toute manière pas l'absence de toxicité. Certaines plantes développent des arômes insectifuges ou des propriétés insecticides : seul l'usage nous a permis dans le passé de savoir si elles étaient comestibles.

2. Près des deux tiers des plantes sont modifiées pour pouvoir d'autre part ne plus mourir en présence d'herbicide total ; elles absorbent le désherbant *, métabolisent * plus ou moins ses composés[1] (donc elles les transforment) ou y deviennent insensibles, au contraire de nombreux adventices *. Les deux grands herbicides totaux utilisés dans plus de quatre cas sur cinq sont le Roundup et le Liberty, lequel contient le même principe actif que le Basta. Ils sont aussi composés d'adjuvants * de synthèse, qui peuvent être toxiques. Force est de constater que ces OGM servent l'agriculture intensive ou industrielle dominante, laquelle utilise les herbicides. Mais l'enjeu est ailleurs, et nous y reviendrons : les semenciers jurent qu'il s'agit d'agriculture durable, ou raisonnée, ainsi que d'« amélioration » des plantes.

On dira donc ces plantes tolérantes à un désherbant. Mais elles ne résistent pas aux herbicides comme un imperméable à l'eau, puisqu'elles s'en imprègnent au moment où l'on répand le produit ; c'est d'ailleurs la caractéristique même d'un herbicide que de pouvoir pénétrer les plantes, sinon il n'est pas herbicide. Ce n'est pas la même chose de résister à l'envahisseur ou de le tolérer.

1. Il s'agit toujours d'un mélange entre le principe actif et ses adjuvants.

Figure 6. La toxine Bt des OGM-insecticides

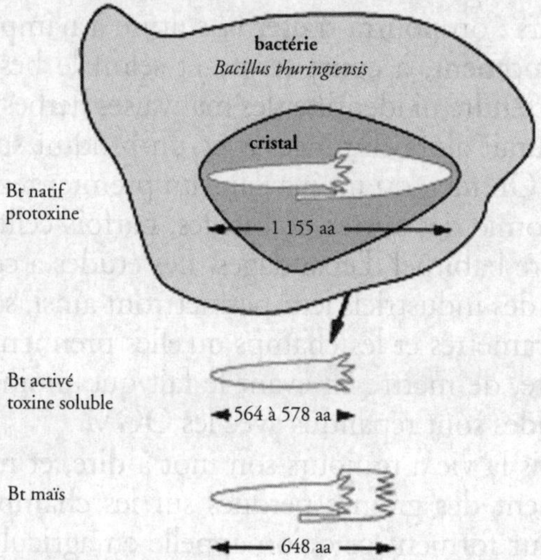

aa = longueur de la protéine en acides aminés

Pour exemple, la toxine Bt utilisée dans les premiers maïs transgéniques commercialisés provient de la protoxine * d'une bactérie du sol employée par l'agriculture biologique. Dans la bactérie, elle est produite sous forme d'un cristal inactif, dissous puis activé (enlèvement du capuchon) dans l'intestin de l'insecte, où l'insecticide trouve son récepteur spécifique. On évite cette étape dans l'OGM en faisant produire directement par le végétal la protéine active, qui sera donc différente : il s'agit d'une version tronquée de celle présente dans la bactérie. Il aurait ainsi fallu une homologation spécifique pour cet insecticide – demande qui n'a jamais été effectuée, sous prétexte qu'il s'agit d'une plante et non d'un insecticide.
Cette procédure aurait prolongé de quelques années la période précédant la commercialisation de l'OGM, et surtout nécessité des tests longs et coûteux de rémanence dans le sol, de toxicité pour les animaux, de spécificité par rapport aux cellules humaines, etc.

Facilité et simplification des traitements sont des avantages sensibles surtout pour les gros agriculteurs : on pourra traiter la culture à n'importe quel moment, à court terme et selon le besoin, sans attendre ni identifier les mauvaises herbes que l'on aurait alors éliminées avec un produit spécifique. On fera, du moins dans un premier temps, l'économie des autres herbicides, parfois celle du nombre habituel d'épandages. Les études à court terme des industriels leur permettront ainsi, selon les paramètres et les champs qu'elles prennent en compte, de mettre en avant le fait que moins de pesticides sont répandus avec les OGM.

Mais la vie a toujours son mot à dire, et régulièrement des graines perdues sur les champs et alentour forment ce qu'on appelle en agriculture des repousses, qui doivent être traitées comme des mauvaises herbes. Il en est ainsi avec le colza, la betterave, et de manière plus accidentelle ou selon le climat avec le maïs, qui est une plante moins vivace… Leur croissance sera alors favorisée dans les champs imbibés d'herbicides, dans ceux du voisin qui désherbe ou cultive un autre OGM tolérant le même herbicide, sur les bords de route traités, ou encore près de la rivière ou de la rigole contaminées par le désherbant de plus en plus utilisé, etc. Mais les OGM tolérant les herbicides repoussent aussi dans les endroits non traités. Ensuite, comme toujours, à être régulièrement mises en présence d'un même désherbant, les adventices s'y habituent. On commence à voir des plantes naturellement insensibles au Roundup dans le monde, en Australie notamment. Aux États-Unis, certaines parcelles cultivées ne peuvent être complètement désherbées au Roundup ; des mélanges avec un autre herbicide puissant et toxique, l'atrazine, sont utilisés, et au final les cultures d'OGM, selon la seule étude globale et indépendante réalisée sur tout le territoire, amplifient l'usage des pesticides par rapport aux cultures conventionnelles les plus répandues (voir fig. 7, p. 93). Tout cela sans compter les croisements avec les mauvaises herbes qui pourront alors transmettre la tolérance – ce phénomène très évoqué est étudié par les chercheurs.

Gérer ces problèmes ne sera pas impossible, mais occasionnera des pollutions supplémentaires car il faudra réutiliser d'autres herbicides auxquels les plantes seront restées sensibles, puisqu'il en existe de nombreuses familles. Les vendeurs d'OGM qui sont aussi les fournisseurs d'herbicides ne sont pas près de faire faillite. Entre-temps, ils proposent une gestion des champs sur le modèle suivant : constitution d'un historique des herbicides et des semences répandus sur chaque champ pour éviter une trop forte répétition de produits favorisant l'habituation des adventices. On n'est pas loin du raisonnement des zones refuges. On imagine les agendas des agriculteurs et les herbes folles dans les champs ! Si les cultures d'OGM s'étendent, une lourdeur de gestion et une pollution chimique conséquente se profilent très nettement à moyen terme. En sera-t-on à la revendication publicitaire d'une agriculture durable ? Non. Mais les bénéfices de certains et la toxicité dans l'environnement, ne serait-ce qu'au niveau chimique, auront à coup sûr augmenté. Comment pourrait-on croire que des plantes que l'on a créées dans le but de leur faire absorber des doses importantes de désherbants sans qu'elles meurent puissent devenir un symbole écologique, un symbole d'agriculture durable ? Il s'agit très précisément du contraire.

3. Un troisième groupe d'OGM, empruntant aux deux premiers, correspond, comme nous l'avons vu, à l'adjonction, par hybridation par exemple, des deux caractères présentés précédemment. Ce qui donne une plante doublement pesticide : qui absorbe le pesticide sans mourir et en fabrique.

Voilà pour les plantes à pesticides. Le 1 % restant, nous l'avons dit, correspond aux plantes résistantes aux maladies, et que certains appellent la nouvelle génération – une toute petite catégorie destinée à protéger les cultures contre des atteintes par des virus ou des champignons, tels ceux de type *Fusarium*. Tabac, concombres et

Figure 7. Consommation de pesticides sur les cultures OGM aux États-Unis par rapport aux cultures conventionnelles

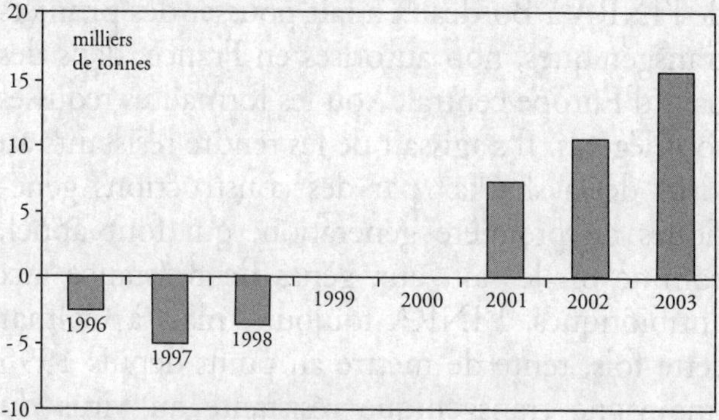

La consommation de pesticides sur les cultures OGM est indiquée en milliers de tonnes en plus ou en moins par rapport à celle des cultures conventionnelles (ramenée à 0 sur l'axe des abscisses).
D'après l'étude de Charles Benbrook, ancien secrétaire de l'Académie des sciences américaine chargé de l'Agriculture (parue dans *Biotech Infonet Technical*, n° 6, novembre 2003), et les chiffres du département américain de l'Agriculture (USDA) concernant l'utilisation des pesticides.
De 1996 à 1998, les agriculteurs ont effectivement épandu moins de pesticides, croyant à la publicité relative aux OGM. En 1999 et 2000, une différence nulle signifiait autant de pesticides répandus sur les OGM que sur des cultures non OGM équivalentes. Les mauvaises herbes tolérantes au Roundup se sont rapidement développées par la suite. Ces résultats sont critiqués, mais ce sont les seuls résultats globaux disponibles.

tomates ont ainsi été transformés par un fragment d'ADN qui empêche seulement l'apparition des symptômes de la maladie lorsque la plante est attaquée par le virus, de la mosaïque par exemple (taches, feuilles déformées ou flétries). Si les résultats sont probants, on croisera ces caractères avec des « plantes à pesticides ».

Pour ce groupe, nombreux sont les cas de recherches avortées. Autre exemple : un chercheur de l'INRA à Bordeaux a fait pousser des pruniers transgéniques, non autorisés en France, dans des pays d'Europe centrale [1] où les formalités requises sont légères. Il s'agissait de les rendre résistants au virus de la sharka [2] par des constructions génétiques de première génération, qui font appel, comme on le sait, aux gènes de résistance aux antibiotiques. L'INRA toujours, mais à Colmar cette fois, tente de mettre au point depuis 1995 une vigne transgénique résistante au virus du court-noué. Les viticulteurs et négociants indépendants de la région [3] ne sont pas convaincus par ces tentatives, pas plus que la majorité des syndicats interprofessionnels [4]. Il se trouve que de très grands vins de Bourgogne ont éprouvé avec succès l'application de méthodes raisonnées, biologiques ou biodynamiques *, qui évitent nombre de maladies ou de champignons microscopiques.

Des chercheurs allemands, de leur côté, ont réussi à mettre au point des porte-greffes transgéniques pour la vigne. À quand le cépage OGM et les levures modifiées qui vont avec ? Certaines

1. *Pour la science*, n° 243, 1998, p. 73.
2. Virus touchant les arbres fruitiers à noyau.
3. ogm-bourgogne@wanadoo.fr.
4. *Sciences et Avenir*, hors-série, n° 120, oct. 1999, p. 14.

pourraient apporter des arômes artificiels de fruits. Mais que deviendraient alors les grands vins français ? Leur goût précieux résultant de sélections si longues et si délicates serait-il préservé ?

En revanche, le transfert d'un gène de riz sauvage résistant par nature à une maladie (la nielle bactérienne) dans une variété de riz plus goûteuse et productive, mais sensible à la maladie, est un des exemples d'OGM les plus utiles et les plus propres sur le plan génétique[1]. Il s'agit réellement d'un croisement amélioré. Qui plus est, un fonds financier de l'université Davis (États-Unis) où travaille la réalisatrice du projet, Pamela Ronald, garantit que les planteurs des pays en développement obtiendront les semences transgéniques au prix des semences classiques, puisqu'ils ont fourni la matière première. Un exemple rare, à suivre…

Des projets sont plus passionnants que d'autres. En modifiant un seul gène, un chercheur canadien et son collaborateur[2] ont réussi à rendre quelques plants de tomate tolérants à une forte salinité : ce fruit pourrait donc être cultivé sur des terrains salés (déserts ou bords de mer). Encore faut-il que cela fonctionne véritablement à l'échelle agronomique, et que les pays les plus pauvres qui

1. *Pour la science*, n° 243, 1998, p. 67-73.
2. Blumwald et Zhang, *Nat. Biotechnol.*, 19, 2001, p. 765-768.

en auraient besoin puissent s'offrir les brevets. Il en va de même pour des riz résistant à la sécheresse ou du blé tolérant les sols acides ou contaminés en aluminium, mis au point en 2001 et 2002. Des variétés naturelles de ces plantes sont toutefois déjà adaptées à des conditions plus ou moins difficiles, mais elles sont d'autant moins productives.

Qu'en est-il de l'élevage pour la production alimentaire ? Depuis quinze ans déjà, on travaille sur la mise au point de poulets ou de poissons transgéniques [1], afin d'améliorer la productivité (quantité de chair par animal) par l'hormone de croissance, ou encore la résistance à telle ou telle maladie. Des vaccins obtenus par thérapie génique ont été expérimentés contre des immunodépressions et des hémorragies musculaires (la maladie de Gumboro, par exemple), inhérentes à la promiscuité et à la vulnérabilité des volailles élevées en batterie !

Les poissons Tilapia à croissance accélérée sont les premiers animaux transgéniques mis au point pour la consommation, et relâchés dans les eaux de Cuba. Si les saumons transgéniques canadiens connaissent le même sort, ce ne sera pas sans conséquences : mieux adaptés au froid et plus gros, ces prédateurs auront des besoins décuplés qui risquent de modifier l'équilibre des populations de poissons et la chaîne alimentaire océanique. Et le

1. *Québec Science*, mai 1986, p. 42.

but du jeu, produire davantage, pourra ainsi, à terme, accentuer l'appauvrissement des ressources naturelles et de la biodiversité.

Le Canada a expérimenté en 2000 des porcs transgéniques modifiés par un gène de phytase, qui sont capables d'utiliser les phosphates pour leur croissance. En Île-de-France, durant l'été 1999, l'INRA s'est battu pour obtenir des subventions publiques ; le projet : concevoir des lapins OGM pour la consommation résistant à certains virus. Ne prend-on pas le risque de tourner en rond en s'attaquant aux maladies amplifiées par l'élevage intensif et en utilisant les remèdes les plus coûteux et les plus artificiels ? Ne devrait-on pas plutôt soigner les causes ?

Bien sûr, on nous ressert régulièrement la tarte à la crème du salut de l'humanité qui passe par l'accroissement de la productivité agricole. Les excédents des nations riches n'ont jamais servi à apaiser la faim des populations démunies, sauf ponctuellement, grâce à l'action d'associations caritatives. Les solutions à moyen terme consistent à stimuler une production végétale et animale autonome dans les contrées en développement. Or deux phénomènes empêchent les OGM de participer à ce mouvement. D'une part, ils sont aujourd'hui presque exclusivement développés par la recherche appliquée pour des modes de production intensive, des climats et des environnements très différents de ceux des pays en développement. « Les variétés végétales transgéniques ont été créées avant tout pour le marché occidental », souligne Virginie Gaudon[1]. Les exemples qui contrediraient ces faits sont l'exception et non la règle. D'autre part, avoir associé les OGM à des brevets limitant les droits de culture et de reproduction ne pourra qu'accroître en général la dépendance et la pauvreté desdits pays. Nous devrions plutôt étudier la manière d'éviter que les biotechnologies n'y contribuent. Or, pour ne rien arranger, les compagnies s'attachent depuis quelque temps à prélever, cataloguer et exploiter pour leur compte les variétés locales, telles les plantes rares d'Amazonie qui pourraient avoir des propriétés médicinales, et multiplient les brevets tant sur les gènes qui en sont isolés que sur les OGM obtenus.

Enfin, on a souvent entendu dire que la première génération d'OGM augmenterait les rendements de l'agriculture. Pourtant, le soja au Roundup, qui représente plus de la moitié des OGM du monde, a une productivité inférieure de 6 % à celle des meilleures variétés conventionnelles, d'après le Dr Roger Elmore[2] de l'Institut d'agriculture et des ressources naturelles de l'uni-

1. Chargée de mission OGM à l'Institut français pour la nutrition (IFN), *Bul. IFN*, n° 71, mai 2000, p. 31-37.

2. *Independent*, 11 juin 2000, d'après un rapport du département de l'agriculture de la Commission européenne.

versité du Nebraska (États-Unis). Des études menées par Monsanto sur des expérimentations en champ contestent ces valeurs. La Direction générale de l'agriculture de la Commission européenne les a confirmées en 2000 avant de préférer poursuivre l'option du moratoire. En investissant dans le transgénique, les producteurs de maïs américains auraient perdu de l'argent : la légère hausse de production n'a pas compensé le surcoût engendré par l'achat des semences OGM et des insecticides (non prévus au départ, et devenus nécessaires). Ces éléments, ajoutés aux méventes, seraient pour une bonne part responsables de la réduction des cultures de maïs OGM constatée en 2000 aux États-Unis. Selon le magazine *Biofutur*[1], le pourcentage de champs ensemencés en maïs était à cette date inférieur de 24 % et celui en soja de 9 %. Le développement des cultures de soja en Argentine a compensé ces baisses. Il n'en reste pas moins intéressant pour les grosses coopératives de vendre des semences brevetées au reste du monde, et de réduire momentanément la main-d'œuvre.

Modifier la valeur alimentaire : quels besoins ?

Les prochaines générations d'OGM sont censées améliorer la construction génétique et la

1. N° 200, mai 2000, p. 5.

valeur nutritionnelle des aliments. Ainsi la tomate MacGregor, dite « au goût de l'été », autrement dénommée Flavr Savr[1], première tomate OGM autorisée aux États-Unis en 1994, commercialisée à grande échelle en 1996[2], était vendue deux à trois fois plus cher que la tomate de consommation courante. Certes elle vieillissait moins vite, même cueillie tardivement, mais manquait de saveur, contrairement à ce que promettait son nom. La Consumers Union[3] a estimé son goût « métallique et insipide ». Elle a fini en conserve et ketchup parce que sa viscosité était supérieure à celle des autres variétés. Ce fut tout simplement un gigantesque flop commercial.

À partir de 1993, en modifiant l'amidon et son métabolisme[4] (en quantité ou qualité), on a obtenu des pommes de terre transgéniques plus ou moins sucrées, ou encore susceptibles d'absorber plus ou moins d'huile. Détenir des variétés aux caractéristiques alimentaires nouvelles au niveau du goût, des vitamines (comme le café transgénique décaféiné ou les porcs transgéniques contenant plus d'acides gras essentiels)

1. Pour *flavour savour* : « parfum saveur ».

2. F. d'Avout, *60 millions de consommateurs*, janvier 1997, p. 31.

3. La plus importante association américaine de consommateurs depuis 1936.

4. Visser et Jacobsen, *Tibtech*, n° 11, 1993, p. 63-68.

revient à fabriquer des produits de luxe qui devront être identifiés, donc à dépenser de l'argent pour créer des filières OGM dans un contexte où les récoltes se gèrent souvent en vrac et pour de gros volumes. Il faudra que ces OGM destinés à des consommateurs spécifiques génèrent une valeur ajoutée. Au bout du compte, il ne peut s'agir que d'un usage secondaire et peu rémunérateur, que la chimie pourrait aisément remplacer avec plus de compétitivité, comme on le fait couramment pour les produits diététiques par adjonction de vitamines et minéraux. De plus, la valeur ajoutée d'une céréale ou d'un légume n'équivaut pas à celle d'un principe actif de médicament, qui, lui, se vend bien au-dessus de son coût de fabrication.

On évoque ainsi l'amélioration du taux d'acides gras de l'aliment et son enrichissement en vitamines, antioxydants, ou minéraux. Les applications sont donc ciblées. Ce sont les OGM-alicaments. Un exemple : l'enrichissement en caroténoïdes, principale source de vitamine A, dans les régimes pauvres en nourriture animale. De la tomate à la teneur en bêta-carotène trois fois plus élevée que la normale, promettant de prévenir certaines tumeurs, au riz doré enrichi en provitamine A, il n'y a qu'une idée. Dans les pays riches, elle est peu exploitable : on dispose déjà de tous les compléments alimentaires possibles sans transgenèse. Certains trouveront néanmoins plus pratique d'ingérer des aliments « tout en un ». Il sera risqué d'en surconsommer, et il y aura nécessité de tests spécifiques vérifiant les allégations. Quant aux populations sous-alimentées, elles n'ont jamais été la clientèle des sociétés semencières. Certaines affirment cependant vouloir s'en préoccuper. AstraZeneca a annoncé qu'elle diffuserait gratuitement dans les pays en développement ce Golden Rice[1] – c'était une initiative de ses inventeurs. Il reste à être mis au point. Il est vrai que quelques actions de ce type embelliront sans doute l'image des OGM. Mais la réponse des paysans thaïlandais les plus démunis est éloquente : « Les pauvres n'ont pas besoin de riz à la vitamine A, mais de riz à la vitamine L et M[2]. » Par « L et M », ils entendent *Land and Money*, Terre et Argent. Aucune biotechnologie[3] ne remplacera une nourriture diversifiée qu'ils pour-

1. Riz doré, OGM enrichi en bêta-carotène. Ses inventeurs sont Potrykus et Beyer. Voir *L'Usine nouvelle biotech*, 16 mai 2000.

2. Leur slogan a été diffusé par le groupement Via Campesina. Voir viacam@gbm.hn.

3. Il conviendrait de comparer le prix de mise au point d'un tel riz OGM avec la promotion d'autres pratiques culturales. Nous aurions alors des surprises. Plus de 50 % de la population mondiale ne peut avoir accès aux productions ou aux procédés des biotechnologies.

raient produire pour leurs propres besoins, dans leur petit jardin, s'ils n'étaient exploités par l'agriculture industrielle. C'est faire injure aux carottes, et surtout aux variétés locales riches en vitamines ! Bien sûr, il n'est pas exclu que de nouvelles variétés puissent avoir quelque utilité, tels les colzas enrichis en acides aminés ou les tournesols transgéniques dont on extraira des huiles plus digestes pour les gens souffrant de maladies cardiaques. Mais attendons les réalisations effectives avant de crier au miracle. Et un OGM réussi ne suffirait aucunement à justifier les autres.

Les OGM qui modifient les aliments restent souvent en milieu confiné, et leurs produits ne sont pas toujours identifiés comme issus du génie génétique. Un certain nombre d'entre eux sont cités dans le tableau non exhaustif de la page suivante. Ils sont un peu l'équivalent des micro-organismes utilisés par la pharmacie. D'autres ont fait, suite à une directive peu discutée (98/81/CEE) et certainement révisable, l'objet d'une exception : ils ne sont pas considérés comme des OGM, ce que pourtant ils sont ; c'est le cas de levures, par exemple, dont les gènes auraient été remaniés avec d'autres gènes de levures.

Tableau 1. Enzymes utilisées pour l'alimentation, élaborées à partir de micro-organismes génétiquement modifiés

Enzyme	Origine	Utilisation
Alpha-amylase	*Bacillus licheniformis* (gène de *B. stearothermophilus*)	Hydrolyse de l'amidon ; bière ; alcool
Exoalpha-amylase maltogène	*Bacillus subtilis* (gène de *B. stearothermophilus*)	Panification ; sirops de maltose
Pullulanase	*Bacillus licheniformis* (gène de *B. deramificans*)	Sirops de glucose
Xylanase	*Aspergillus oryzae* (gène de *Thermomyces lanuginosus*)	Panification courante ou spéciale
Lipase	*Aspergillus oryzae* (gène de *Humicola lanuginosa* : *Thermomyces lanuginosus*)	Panification courante ou spéciale
Alpha-acétolactate décarboxylase	*B. subtilis* (gène de *B. brevis*)	Bière ; alcool
Aspartyl-protéase	*Aspergillus oryzae* (gène de *Rhizomucor meihei*)	Fromages non AOC [1]
Chymosine	*Escherichia coli K12* *Kluyveromyces lactis A. niger var. awamori* (gène de veau pour les trois)	Fromages non AOC

Tableau réalisé avec l'aide d'Y. Bertheau et J.M. Panoff.
(liste non exhaustive)

La médecine : production pharmaceutique et thérapie génique

Les inventeurs d'OGM alimentaires se préoccupent décidément de notre santé. On tente par exemple de réaliser des arachides hypoallergé-

1. Label qui garantit l'appellation d'origine contrôlée.

niques, l'allergie aux arachides étant l'une des plus répandues, ou du riz hypoallergénique. Mais les patients peuvent être sensibles à des protéines différentes, ou à des combinatoires de caractéristiques difficiles à retravailler dans la plante. Il n'y a pas de remède miracle, comme il ne peut y avoir d'effet généralisé. Certaines personnes seront allergiques à certains OGM, d'autres pas, comme on peut l'être à tous les produits alimentaires et peut-être davantage s'ils produisent en quantité des protéines insecticides, par exemple, auxquelles nous étions moins directement exposés avec l'alimentation d'avant les OGM.

Depuis la fin des années 1970, on synthétise de l'insuline[1], de l'hormone de croissance[2], ou de l'interféron actif[3], molécules dites recombinantes *, à partir de bactéries modifiées ; les recherches pour y parvenir ont donné lieu à d'intenses compétitions entre plusieurs grosses équipes aux États-Unis. Les progrès sont énormes comparés aux purifications, difficiles et limitées, qu'on effectuait auparavant à partir de tissus d'animaux ou de cadavres humains. Certains dénoncent les effets secondaires des pro-

1. Villa-Komaroff *et al.*, *PNAS*, n° 75, 1978, p. 3727-3731, et Goeddel *et al.*, *ibid.*, n° 76, 1979, p. 106-110.

2. Goeddel *et al.*, *Nature*, n° 281, 1979, p. 544-548.

3. Nagata *et al.*, *Nature*, n° 284, 1980, p. 316-320 et Goeddel *et al.*, *ibid.*, n° 287, 1980, p. 411-416.

duits de synthèse, mais ils sont inhérents à tout médicament. Ces produits répondent de plus aux critères de traçabilité et sont administrés sous contrôle médical. Enfin, leur synthèse ayant lieu en milieu confiné, les effets sur l'environnement sont très limités, voire inexistants.

Plusieurs domaines de recherche ouvrent des perspectives intéressantes : aux États-Unis, un colza transgénique synthétise de l'anticoagulant de sangsue [1], un tabac fabrique de l'hémoglobine, laquelle sera ensuite extraite pour des transfusions, un autre tabac produit des anticorps contre les streptocoques responsables des caries dentaires – les fameux planticorps [2] –, et enfin, en France, du maïs synthétise du collagène destiné à l'usage chirurgical (pansements, etc.).

À côté des molécules actives issues d'OGM, il existe deux autres enjeux médicaux de taille : les vaccins et la thérapie génique, élaborés à partir de virus génétiquement modifiés. Les virus sont des parasites au patrimoine génétique minuscule et bien connu pour certains d'entre eux : il est aisé d'inactiver, de retirer ou d'ajouter des gènes interférant dans une maladie, tout en conservant ou

1. Moloney au 10e congrès international sur le colza (Australie, 1999), rapporté par Chèvre, *OCL*, 7, 1, 2000, p. 17-18.

2. Stager *et al.*, *Biofutur*, n° 225, 2002, p. 49-54. Les planticorps sont des anticorps fabriqués par des plantes.

non au virus des propriétés immunisantes ou réplicatives. On peut aussi injecter une protéine inoffensive de virus produite par les biotechnologies. En 1992, on a autorisé l'introduction du premier vaccin OGM sur le marché communautaire : un vaccin contre la rage.

Chez l'homme, les premiers essais cliniques ont été menés aux États-Unis en 1997 : il s'agissait de l'utilisation d'une pomme de terre transgénique produisant un vaccin oral grâce à un gène de toxine de la diarrhée issu d'*Escherichia coli*[1]. Autre vaccin oral, une banane sécrétant une forme inactive de protéine de choléra. Ces promesses seront testées de nombreuses années, comme il se doit pour tout médicament.

Chez les mammifères, la production organique de médicaments pourrait être bien supérieure : on obtient des molécules recombinantes dans le lait qu'ils fabriquent en grande quantité, mais aussi dans l'urine ou le sperme. Dans l'idéal, il faudrait des troupeaux d'animaux clonés pour que les transgènes, placés aux mêmes endroits dans les chromosomes, fonctionnent de manière similaire. La naissance de Dolly a davantage défrayé la chronique que la naissance triplée de ses cousines, Polly I, II, et III, brebis transgéniques, en 1997. Pour-

1. Walmsley et Arntzen, *Curr. Op. Biotechnology*, n° 11, 2000, p. 126-129.

tant, ces dernières sont des ruminants possédant un gène humain : leur lait contient une protéine humaine, dite Facteur IX, essentielle dans le processus de coagulation sanguine, et qui devrait soigner certains types d'hémophilie. Un paramètre qui limite l'exploitation des animaux transgéniques est le rendement extrêmement médiocre du clonage[1].

En 1999, un travail original fut publié par l'équipe du Québécois François Pothier, du Centre de recherche en biologie de la reproduction de l'université Laval[2]. Ce laboratoire avait fait synthétiser de l'hormone de croissance humaine par les vésicules séminales de souris transgéniques – une manière de s'entraîner avant de mettre au point la méthode et la construction génétique chez le verrat. Le porc étant un énorme producteur de sperme, un litre du précieux liquide transgénique par semaine et par mâle pourrait constituer une source de médicament considérable ! Savoir si un tel remède ferait fureur chez les pharmaciens est une autre histoire. Encore que…

Une autre application médicale des OGM ani-

1. Voir à ce sujet *Génétiquement incorrect, op. cit.*, chap. 4, p. 175.

2. Dyck *et al.*, *Nature Biotechnology*, novembre 1999, p. 1087-1090.

maux est possible, même si, selon de nombreux observateurs, elle est encore loin d'être opérationnelle. Dans le cadre d'expérimentations menées en Grande-Bretagne, aux États-Unis et en Australie[1] pour développer les xénogreffes * et éviter les rejets, trois types de gènes humains ont été transférés dans l'ADN de porc, animal comme chacun sait proche de l'homme. Et de fait, lorsqu'ils sont greffés sur des primates, les cœurs et reins porcins ne sont pas tous immédiatement rejetés. La durée de survie passe de quelques heures à quelques semaines. Mais avant de pouvoir répondre de cette manière aux besoins urgents en organes nouveaux des patients humains, il faudra résoudre les problèmes de rejet à moyen terme, ainsi que celui posé par la recombinaison du virus animal et sa transmission éventuelle à l'espèce humaine – ce qui a justifié un moratoire.

La dissémination environnementale non strictement contrôlée de tels objets thérapeutiques vivants (comme des plantes) poserait de graves problèmes de santé publique, et les précautions pour s'assurer de leur stérilité ou confinement devraient être absolues. Ce n'est malheureusement pas toujours le cas. En 2002, une entreprise de biotechnologie américaine, la société Prodigène, mena plusieurs séries d'essais en plein champ d'un

1. Source INRA.

maïs transgénique destiné à produire un vaccin porcin, et contamina 500 000 tonnes de soja d'une valeur de 2,7 millions de dollars. Le département américain de l'Agriculture imposa alors à la société de payer une amende de 250 000 dollars, de racheter la production contaminée et de la détruire à ses frais[1]. Mais le problème n'est pas résolu pour autant : car le maïs repousse dans ces mêmes champs et les silos à grains, mal nettoyés, peuvent encore en contenir. Il faut souligner que la principale raison pour laquelle on cultive ces plantes OGM en plein champ[2], plutôt que dans des micro-organismes ou d'autres cellules en milieu confiné, est bien de baisser la part du coût de revient, souvent lourde étant donné les structures requises (une production dans des fermenteurs) lors de la fabrication de substances d'intérêt commercial. En 2003, la Food and Drug Administration (FDA) et la presse américaine rapportaient que c'étaient cette fois 386 cochons transgéniques produisant un facteur de contrôle de l'insuline qui avaient été vendus illégalement à un boucher par l'université de l'Illinois. Les chercheurs ne savaient probablement plus quoi en faire.

À côté de ces productions, la thérapie génique

1. Source CRII-GEN.

2. On a même créé le mot de « moléculture » pour désigner les cultures de « molécules » en plein champ.

consiste quant à elle à modifier des cellules d'un organisme en y introduisant de l'ADN, viral ou non, destiné à les tuer ou à stopper leur croissance (comme pour le cancer), ou bien encore à leur apporter un gène manquant (dans le cas, par exemple, des myopathies). Les limites de cette méthode sont grandes, les promesses disproportionnées par rapport aux efforts financiers investis et aux aides réelles apportées aux malades. On comprend mieux pourquoi aujourd'hui. Un gène ne peut pas, en pénétrant de manière erratique, provoquer la guérison à lui tout seul [1]. On fonde sur la thérapie cellulaire et les cellules souches des espoirs plus concrets.

L'industrie textile, les matériaux, la production d'énergie

Le coton transgénique est la plante pour textiles la plus répandue [2], sous la forme de coton-insecticide Bt. Des cotons de couleur sont en préparation. Bientôt, on pourra contempler des champs de coton de la couleur des jeans…

1. Voir *Génétiquement incorrect, op. cit.*, chap. 3, p. 103.
2. Rappel : le coton représente au début du XXIe siècle la troisième culture d'OGM mondiale. Les parties vertes peuvent servir à la nourriture du bétail ; on produit aussi de l'huile à partir du coton lui-même.

Sources de matières premières, des plantes sont aussi utilisées pour synthétiser des plastiques biodégradables. Certains de ces matériaux sont déjà commercialisés à partir de la bactérie *Alcaligenes eutrophus* qui produit par fermentation en laboratoire ce qui est extrait sous le nom de Biopol[1]. L'industrie espère sans doute que la production de matériaux deviendra plus facile ou plus rentable dans les plantes. Les chercheurs de Monsanto[2] ont ainsi publié les recherches aboutissant à l'obtention de colzas OGM produisant des substituts de plastiques. S'il y a là un avantage, on se doit de résister à faire la comparaison économique avec les productions de plastique à partir de bactéries ou de levures, en incubateurs géants. De plus, les cultures entraînent par nature des risques de diffusion dans l'environnement. Pour cette raison, semble-t-il, la firme a renoncé aux applications en plein champ de ses découvertes. L'hybridation avec des colzas alimentaires serait toxique. Les producteurs s'efforcent toujours de rendre ces plantes stériles, au moyen de procédés apparentés au fameux Terminator qui sont légion et qui couvrent, comme nous l'avons vu, les risques de piratage, mais la réussite n'est pas toujours au rendez-vous, et les graines obtenues sont faciles à disséminer.

1. Voir le livre blanc *Les Plantes génétiquement modifiées*, publié par la CFS, le GNIS et l'UIPP, octobre 1997.
2. Slater *et al.*, *Nature Biotechnology*, octobre 1999.

On évoque encore assez peu les plantes transgéniques comme ressources énergétiques, les énergies fossiles étant les plus exploitées. Nul doute cependant que des producteurs d'OGM, échaudés par l'insuccès des aliments transgéniques, se tourneront vers ce type d'exploitation – les expérimentations vont d'ailleurs croissant. Le colza, déjà utilisé comme un biocarburant *, est en passe de devenir une source significative d'huiles pour lubrifiants. De nombreuses variétés de colza sont génétiquement modifiées pour produire toutes sortes d'acides gras différents, mais le problème sera le même que celui que nous venons d'évoquer. Les rafles de maïs OGM – on désigne par « rafles » les parties centrales des épis protégées de la pyrale par l'insecticide qui y est sécrété – pourraient être valorisées en combustible. Les industries de transformation de l'amidon de maïs fournissent nombre de produits pour la fabrication des textiles, des papiers, cartons, adhésifs, dentifrices, solvants, colles. L'amidon transformé entre aussi dans la composition de matériaux pour le bâtiment ou l'exploitation pétrolière.

L'eucalyptus et le peuplier fournissent du bois pour la pâte à papier. La fabrication de celle-ci est entravée par la lignine, une molécule qui durcit naturellement les troncs. Extraire la lignine implique une grande consommation de produits chlorés polluants. On s'attache donc à faire pousser des eucalyptus et des peupliers OGM avec moins de lignine, et on espère ainsi réduire les traitements dans une proportion de 5 à 10 %. Mais Emmanuelle Bérenger, chargée de mission Forêts au WWF [1], souligne combien l'environnement forestier est plus fragile que l'environnement agricole. Une tempête qui s'abat sur des arbres devenus moins rigides peut être dévastatrice. Or 24 espèces d'arbres transgéniques ont été expérimentées en 2000, réparties sur 116 sites dans 17 pays. Ces sites ne tiennent pas assez compte de l'écosystème, précise-t-elle, et les conséquences de la dissémination des graines seront effectivement moins maîtrisables qu'avec les cultures, étant donné la durée de vie des arbres.

On n'hésite pas à transformer des animaux en usines vivantes pour fabriquer des textiles spécifiques, du mouton australien, à la laine modifiée pour sa qualité ou sa quantité, à la chèvre-araignée : à Montréal, Nexia Biotechnologies a voulu cloner des chèvres naines dont le lait contient des protéines solubles (issues d'un gène d'araignée) qui donnent de la soie solide après traitement chimique, pour réaliser notamment des fils à suturer chirurgicaux. En France, on a introduit le gène d'une algue fluorescente dans des vers à soie.

1. *Biofutur*, n° 199, avril 2000, p. 19. WWF : Fonds mondial pour la nature.

Environnement : des OGM nettoyeurs ?

Certains OGM sont imaginés pour gérer des pollutions avérées. Tel est le cas du premier OGM, qui créa un précédent historique : l'obtention d'un brevet sur un organisme vivant, admis par la Cour suprême des États-Unis, par cinq voix contre quatre, en 1980. (Depuis, les OGM sont brevetés.) L'OGM en question, mis au point par le microbiologiste indien Ananda Chakrabarty, devait dégrader le pétrole des marées noires. Ce cas, resté célèbre, a été raconté par Jeremy Rifkin [1] : il a provoqué la flambée des actions des entreprises de biotechnologies et la ruée sur le brevetage du vivant [2]. Le développement consécutif des OGM a eu plus d'effets sur l'environnement que la fameuse bactérie à usage trop limité.

La bactérie *Bacillus thuringiensis*, que nous avons évoquée à plusieurs reprises, est connue depuis le début du XXe siècle pour son activité insecticide contre les larves de certains lépidoptères, ravageurs de cultures ou défoliateurs de forêts [3]. Nous avons vu que plusieurs gènes de différentes souches en ont été extraits pour la transge-

1. J. Rifkin, *Le Siècle biotech*, La Découverte, 1998.
2. *Ibid.*
3. Sanchis et J. Lereclus, *Soc. Biol.*, n° 193 (6), 1999, p. 523-530.

nèse des plantes. La bactérie en tant que telle a été modifiée génétiquement par des recombinaisons de ses propres gènes afin d'améliorer son niveau d'activité, son spectre d'action et sa persistance [1].

Dans le même esprit, l'INRA s'intéresse aux laitues et pommes de terre transgéniques absorbant les nitrates du sol, dont le taux est réglementé, pour les transformer en nitrites... ce qui n'augmente pas la valeur nutritionnelle de ces légumes. Or on n'a pas encore démontré que les nitrites ont une toxicité inférieure aux nitrates... Ruse intéressante ou dangereuse, qui sert la recherche sur la physiologie des plantes ou la dépollution des jardins ? Des plantes OGM pourraient être utilisées pour absorber des métaux lourds et autres polluants du sol, véritables pompes vivantes qui seraient détruites ensuite par incinération. Mais les métaux ne partiraient-ils pas en fumées... ?

Il y a plus étonnant, dans la recherche pour la protection du milieu : des *Arabidopsis* ont été génétiquement modifiées pour exprimer un gène marqueur de la radioactivité. Utilisées en Russie, ces plantes développent une coloration bleue inhabituelle, donc aisément repérable, dans les secteurs contaminés [2].

1. Sanchis, Chaufaux et Lereclus, *Ann. Institut Pasteur*, 7, 4, 1996, p. 271-284.
2. *Science illustrée*, n° 121, 1999, p. 21.

L'armée et la guerre biologique

Les recherches scientifiques militaires peuvent être exemptées de passage par les commissions réglementaires d'autorisation : il leur suffit d'estampiller leurs OGM « secret d'État ». La guerre amène à concevoir les armes virales et bactériologiques les plus puissantes qui soient, lesquelles constituent un arsenal beaucoup moins cher et beaucoup moins visible que l'arsenal nucléaire, et des laboratoires mobiles – un avantage certain au temps où les conflits sont fortement médiatisés. Il existe deux types de stratégies pour l'élaboration des OGM militaires, les « douces » et les « dures », dont nous nous servirons pour classer les organismes directement manipulés pour devenir pathogènes.

– Parmi les méthodes « douces » : détruire à moyen terme les récoltes agricoles pour maîtriser l'alimentation d'un pays [1]. Le virus, la bactérie ou l'insecte prédateur génétiquement modifié est déposé comme un pesticide au moyen d'hélicoptère ou d'un petit avion. Le procédé ne concerne pas seulement les cultures alimentaires : en accord avec le gouvernement, des scientifiques américains ont modifié des agents microbiens et autres

1. Suffert, *Courrier de l'environnement de l'INRA*, n° 47, 2002, p. 57-69.

champignons *Fusarium*[1] pour dévaster des plantations de narcotiques. On parle de l'« agent vert », un champignon qui doit être introduit dans certains pays d'Asie et d'Amérique, notamment la Colombie, pour attaquer les cultures illicites de coca, pavot et marijuana. Ce type de projet a rencontré de fortes oppositions[2] du fait des dérives possibles, entre autres la contamination involontaire d'autres cultures.

Selon des sources averties, l'insecte *Diabrotica virgifera* a été introduit plusieurs fois en Europe, et notamment dans la période où les militaires américains étaient basés à Sarajevo et Belgrade (1992-1996). Depuis, sa dissémination s'étend lentement. Cet insecte, présent aux États-Unis, a des capacités dévastatrices qui peuvent mettre l'agriculture d'un pays en danger ; en France, par exemple, il est interdit dans les laboratoires. Doit-on s'étonner qu'en 1999 Monsanto amorçait l'expérimentation de maïs transgéniques spécifiquement résistants à *Diabrotica* ? L'insecte, lui, est présent dans toute l'Europe centrale, en Italie, et jusque dans les champs proches des aéroports de la capitale française – en 2002, le ministère français de l'Agriculture a déclenché des programmes d'alerte… Il a appris à prendre

1. *Fusarium oxysporum* et *Pleospora papaveraceae*.
2. http://www.sunshine-project.org

l'avion [1], semble-t-il, plus vite qu'en Amérique où il lui a fallu quasiment un siècle pour traverser le continent...

De plus, un transgène a été mis au point pour contrôler des populations d'insectes (moustiques et apparentés) en empêchant la naissance des femelles [2], l'équivalent d'un Terminator animal, en quelque sorte. On souhaite ainsi contrôler des populations d'insectes utiles, ou au contraire nuisibles, comme le moustique porteur de la fièvre jaune.

– Parmi les méthodes « dures » : créer des micro-organismes hautement pathogènes, telles des bactéries susceptibles de transmettre un anthrax dangereux à la population d'une grande ville en quelques heures [3]. Et créer les vaccins qui vont avec, bien sûr... Ou pis, mettre au point des virus de la grippe en y insérant des gènes beaucoup plus pervers attaquant les défenses immunitaires humaines – créer un sida qui s'attraperait comme un rhume. Ou, plus simple : inventer des moustiques porteurs de la malaria. La plupart des États développés interdisent officiellement ce type

1. M. Ivaldi et A. F. Roger, *Agra Presse Hebdo*, n° 2876, 2002, p. 41-45.
2. *Nature Biotechnology*, n° 404, 2000, p. 479.
3. Celles-ci sont d'ailleurs apparentées à *Bacillus thuringiensis*, qui donne les gènes Bt.

de manipulations, par nature incontrôlables, et se préoccupent de la défense contre le bioterrorisme sauvage.

S'il est très difficile de savoir précisément qui manipule des OGM rendus volontairement dangereux, on peut commencer par jeter un œil du côté de ceux qui s'en protègent. Aux États-Unis, en 1999, le gouvernement fédéral a débloqué 160 millions de dollars pour ce qui est appelé la « biodéfense »[1], c'est-à-dire la lutte contre les fléaux génétiques (éventuelles manipulations développées par d'autres pays ou des groupes terroristes), et a investi dans ce domaine 230 millions de dollars en 2000. La mission a été confiée au Department of Health and Human Services… La Défense américaine a commandé à la start-up Cepheid un système d'identification des fluides suspects, futurs « outils de détection » portables pour les soldats[2] : 2,4 millions de dollars investis pour la mise au point d'un détecteur d'OGM dangereux ? L'université du Colorado a par ailleurs annoncé en 2003 son projet de créer des plantes OGM-sentinelles pour détecter des agents chimiques ou biologiques susceptibles d'être utilisés lors d'attaques terroristes[3].

1. *L'Usine nouvelle,* hors-série, juin 1999, p. 17.
2. *Ibid.*
3. Foucart, *Le Monde*, 15/02/2003, p. 25.

Tous ces risques, parallèlement à ceux des armements nucléaires sauvages, ont été maintes fois évoqués lors de la guerre des États-Unis contre l'Irak en 2003, et l'ont parfois justifiée aux yeux de certains.

IV. CONTRÔLER LES OGM

Les instances et les contrôles

Pour contrôler les OGM, il existe plusieurs instances consultatives sans pouvoir de décision, celui-ci revenant, tous les arguments en main, aux gouvernements. Alors que la FDA approuvait en 1992 la vente d'OGM non étiquetés aux États-Unis, l'Europe avait construit depuis deux ans une directive d'évaluation spécifique des OGM. Dans le monde, plus de quarante pays ont suivi en 2003 l'exemple de l'Europe, dont la régulation est devenue la plus contraignante. Des comités scientifiques ont été en effet composés spécialement pour s'occuper des OGM. Ainsi, par exemple, la Commission du génie génétique [1], qui dépend des ministères de la Recherche et de l'Environnement français, a aujourd'hui des équivalents dans les autres pays européens qui, comme elle, sont chargés de juger du degré de confinement néces-

1. Fondée en mai 1989.

saire pour le travail de recherche en laboratoire avec les différents vecteurs d'ADN (bactéries, virus, OGM) : mesures d'isolement faibles (blouses, gants, accès réglementé, stérilisation des déchets…), moyennes (hottes…), strictes (pièces spéciales, combinaisons…) ou ultra-strictes (bâtiments spéciaux, comme le laboratoire P4 à Lyon qui manipule des virus dangereux, dont Ébola).

En revanche, dès qu'il s'agit, selon l'expression consacrée, de « dissémination volontaire dans l'environnement », d'autres commissions nationales chargées de l'évaluation des risques entrent en jeu et doivent notamment faire respecter une directive européenne dite 2001/18 (anciennement 90/220). Deux cas de figure se présentent alors. S'il s'agit d'une demande d'expérimentation, le pays où la demande est effectuée est la seule autorité compétente ; s'il s'agit d'une demande de commercialisation dans un État européen, la commission nationale, si elle conclut à l'absence de risque, transmet le dossier à l'Union européenne. Celle-ci redistribue les données aux autres membres et a le dernier mot sur chaque cas présenté, après consultation de la Commission sanitaire (EFSA *), du Conseil des ministres de l'Agriculture et de l'Environnement et de la Commission européenne, qui décide en cas de litige – ainsi a-t-elle tranché au printemps 2004 pour la commercialisation d'un maïs doux (dit Bt11) destiné à la consommation [1], levant pour ce cas le moratoire institué en 1999.

Au cours de ce long processus (voir fig. 8, p. 132) qui se déroule sur des mois et le plus souvent des années, les commissions nationales ont pu poser nombre de questions et se prononcer pour leurs ministres respectifs, ce qui crée parfois une certaine confusion dans les avis finaux. C'est à ce prix cependant que l'Europe se construit, les nations unissant progressivement leurs pouvoirs et compétences autonomes.

Au niveau international, c'est le protocole sur la biosécurité dit de Carthagène qui réglemente les échanges transfrontaliers d'organismes génétiquement modifiés vivants. Mais ceux concernant les aliments à base d'OGM sont réglementés par l'OMC *.

Suivons maintenant l'histoire d'un OGM, pour lequel les demandes d'expérimentation peuvent être menées en parallèle dans plusieurs pays. Pour le premier maïs de ce genre qui fut autorisé à la culture en Europe, le Bt 176, le dossier a initialement été déposé en France. C'est donc d'abord la Commission du génie biomolé-

1. Les demandes pour la culture et la consommation peuvent être déposées séparément par des firmes.

culaire (CGB)[1], une des premières créées progressivement au milieu des années 1980, qui est saisie. Elle est placée sous la double tutelle du ministère de l'Agriculture et de la Pêche, qui en assure le secrétariat, et du ministère de l'Aménagement du territoire et de l'Environnement. Elle a pour mission d'évaluer les dossiers constitués par les industriels ou les chercheurs du secteur public. Les demandes sont donc de deux types : pour l'expérimentation ou pour la commercialisation (même entre laboratoires, pour ce qui concerne les souris transgéniques, par exemple). Les dossiers pour les essais de thérapie génique sont habituellement beaucoup plus détaillés que les autres, car communs avec d'autres commissions dont l'Agence du médicament.

– L'expérimentation dans l'environnement : les dossiers destinés aux membres de la commission décrivent en général succinctement l'étendue des surfaces sur lesquelles l'OGM sera cultivé et citent parfois le nom des municipalités ; si c'est

1. Les dix-huit membres sont nommés par décret gouvernemental ; la CGB a été créée effectivement en 1986. L'auteur (nommé membre scientifique pour un mandat de trois ans en juillet 1998, renouvelé en 2001 et 2004) a ajouté des contributions personnelles, comme le règlement l'y autorise, aux rapports officiels annuels de la Commission du génie biomoléculaire ; on pourra y trouver des détails de l'évaluation des OGM (http://www.agriculture.gouv.fr).

une plante, les localisations sont très rarement précisées, et seront communiquées plus tard au secrétariat qui ne les transmet pas aux membres. Le Service de la protection des végétaux du ministère est chargé de veiller sur place au respect des parcelles et des préconisations. Mais il ne fait pas analyser de prélèvements pour identifier les OGM ou s'assurer qu'ils ne se sont pas disséminés dans les champs voisins : il n'a pas vraiment accès aux méthodes de dosages spécifiques mises au point par les sociétés qui fabriquent l'OGM.

Le dossier (confidentiel) décrit aussi les constructions génétiques qui ont servi à élaborer l'OGM, fait part des vérifications préliminaires obtenues et indique l'objectif visé ; il donne un texte modèle sur la biologie de la plante normale et les raisons pour lesquelles il considère qu'il y a absence de risques pour la santé et l'environnement. Si la destruction des plantes est bien prévue à l'issue des tests en champ (donc si la plante est dite non consommée), et que les mesures conventionnelles sont respectées – castration ou isolement des autres cultures de quelques centaines de mètres en général, les critères étant établis de manière relativement arbitraire et assez uniforme pour chaque espèce –, un dossier clair passera sans problème. Les commissions, composées souvent de scientifiques de la même spécialité qui connaissent ceux qui font les expériences, sont favorables à ces travaux qui contribuent au développement de la recherche et, économiquement, de leur discipline. On peut affirmer avec le recul qu'il s'agit d'une sorte de corporation science-industrie dont les partenaires s'entraident et se promeuvent. Pour chaque demande, l'industriel est auditionné avec un expert extérieur qu'il aura choisi lui-même [1] parmi trois experts proposés par la présidence et le secrétariat de la commission, dans une longue liste approuvée annuellement en séance (l'expert est la seule personne rémunérée pour ce travail *via* le ministère de l'Agriculture). Mais il n'y a pas d'obligation de rotation, et les mêmes experts peuvent ainsi revenir de nombreuses fois l'an.

Les résultats des expériences successives ne sont pas examinés en séance. Ce serait d'ailleurs un travail à temps plein ! Pour toutes ces séances de travail mensuelles comprenant parfois l'examen de plusieurs centaines, voire plusieurs milliers de pages, les experts gouvernementaux ne reçoivent pas de décharge de leurs obligations de recherche ou d'enseignement et ne sont pas remplacés pour leurs cours.

1. Dans le nouveau règlement de la CGB voté en novembre 2003, grâce aux nombreuses protestations de l'auteur, ce n'est plus le cas. Le président de la commission choisit.

– La commercialisation : examinés par toutes les commissions nationales et la commission de l'Union européenne, ces dossiers sont plus détaillés. Pour la commercialisation des plantes, pendant longtemps il n'a pas été obligatoire d'avoir séquencé l'ADN du transgène après son insertion dans la plante, alors que cela est exigé pour la thérapie génique. Les tests sur animaux sont sommaires : durant quelques jours, on gave des souris avec des doses maximales de la protéine nouvelle produite par la plante transgénique ou une autre source, par exemple bactérienne, pour faciliter sa production. L'industriel vérifie en éprouvette que cette protéine est facilement digérée par des enzymes *ad hoc*, et que sa séquence sur ordinateur ne présente pas de ressemblance avec des substances allergènes connues – on ne les connaît pas toutes. Les dosages permettent de savoir quelles parties de la plante sécrètent quelle quantité de protéine transgénique. Le dossier donne accès aux analyses chimiques de la plante OGM : éléments nutritionnels, toxiques naturels habituels pour l'espèce considérée (la tomatine de la tomate, la solanine de la pomme de terre, les glucosinolates du colza...) ; ces résultats sont comparés aux données de la variété conventionnelle correspondante. C'est la fameuse étude de l'équivalence en substance, assez arbitraire, intéressante certes, mais ô combien réductionniste[1] (voir p. 143) ! Certains vont même jusqu'à qualifier le test d'antiscientifique[2] !

En réalité, de nombreux résidus toxiques peuvent échapper à la détection, puisque, comme toujours, on ne trouve bien que ce que l'on cherche. Ainsi, les perturbations que le transgène peut occasionner indirectement en s'insérant n'importe où, ou encore les mutations qu'il provoque directement (risque dit de mutagenèse par insertion) ne sont pas mesurées, à moins qu'elles n'aboutissent vraiment à d'importantes modifications de la composition chimique, qui, elles, seraient décelées. Une toxicité à long terme pourra néanmoins se manifester. De l'avis de certains membres de la CGB, ce risque n'est pas plus important qu'avec les plantes classiques, lesquelles peuvent aussi muter spontanément. Cet argument est compréhensible, mais surestimé : affirmer cela, c'est nier ou dénier la méconnaissance de ces nouveaux produits, et oublier que la quasi-totalité des plantes OGM sont faites pour contenir, comme nous l'avons vu, des résidus de pesticides. Tout cela ne justifie-t-il pas un étiquetage précis, une traçabilité exemplaire, une mise

1. www.i-sis.dircon.co.uk.
2. Millstone *et al.*, *Nature*, n° 401, octobre 1999, p. 525-526.

sur le marché prudente et contrôlée (l'équivalent des tests cliniques pour les médicaments), une biovigilance sanitaire au même titre qu'il existe une biovigilance environnementale[1] ? L'histoire de la commercialisation des OGM raconte tout le contraire ! Toutefois, des tests plus sérieux et plus longs ont été effectués, pour mesurer, par exemple, la croissance des poulets nourris au soja Monsanto. Un suivi est donc possible, qui pourrait facilement être généralisé à plusieurs espèces.

Aux États-Unis où les vaches et porcs d'élevage sont nourris aux OGM, il n'y a généralement pas de compte rendu scientifique sur leur santé. Quelques tests de valeur nutritionnelle bâclés (qui ne sont pas des tests de toxicologie, et qui ne précisent généralement pas le taux d'herbicide utilisé sur l'OGM tolérant, par exemple) ont cependant été effectués durant quelques semaines sur dix à vingt mammifères par groupe au plus, et très tardivement par rapport aux autorisations de commercialisation[2] ! « Le risque tient au fait que l'on ne veut pas attendre le retour d'expérience[3] », précise plus généralement François Ewald, directeur de la recherche et de la stratégie à la Fédéra-

1. www.agriculture.gouv.fr : les fiches réflexes de la DGAL.
2. *La France agricole*, 7 juillet 2000.
3. *Enjeux*, juillet-août 2000, p. 99.

Figure 8. Procédure de demande d'autorisation de mise sur le marché d'un OGM dans le cadre de la directive 2001/18/CE

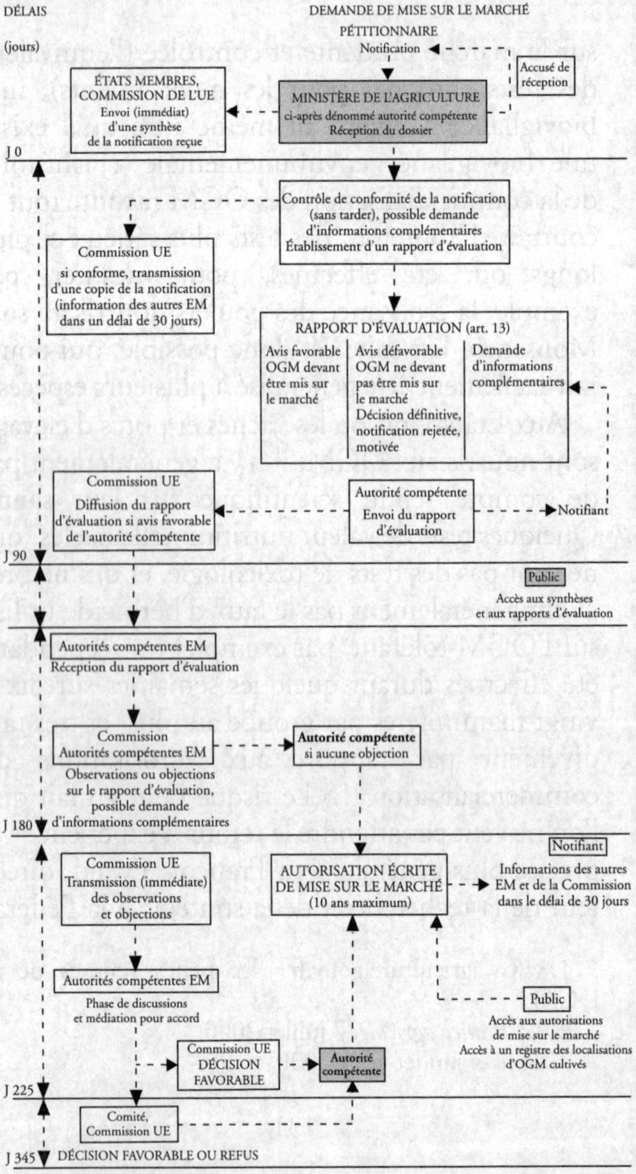

UE : Union européenne
EM : États membres

Extrait du Rapport CGB 2003.

tion française des sociétés d'assurances. Du coup, les sociétés d'assurances ne peuvent pas estimer le risque et n'assurent pas. La seule urgence est commerciale ! Sous la pression de certains scientifiques (alors que d'autres s'y opposent) et de l'opinion publique, des tests de toxicité sont aujourd'hui réalisés durant trois mois sur des rats adultes pour de plus en plus d'OGM. Mais ils ne sont pas obligatoires, et le maïs doux Bt 11 de Syngenta qui a été autorisé à la consommation humaine en Europe en 2004 ne les avait pas subis [1], ce qui a d'ailleurs donné lieu à une bataille publique d'expertise entre l'EFSA et l'AFSSA.

Il n'en reste pas moins que la loi a rendu l'expertise-conseil de la CGB obligatoire, et le gouvernement français a toujours, même avec retard, suivi ses avis positifs pour les expérimentations dans l'environnement. Il s'est opposé à un petit nombre d'avis positifs pour commercialisation, dont celle concernant le maïs Bt : en février 1997, la ministre Corinne Lepage imposa son refus au gouvernement Juppé. Mais en février et août 1998, les mêmes maïs et d'autres variétés OGM (15 au total) furent autorisés par l'Europe et inscrits au catalogue officiel par le gouvernement Jospin. Dans le même temps, ce gouvernement a mis en place avec les autres ministres euro-

1. Voir l'avis de l'AFSSA à ce sujet : http://www.afssa.fr.

péens un moratoire de deux ans (jusque fin 2000, ensuite renouvelé jusqu'en 2004) qui a surtout concerné les demandes de commercialisation pour les plantes qui disséminent le plus facilement : colzas, betteraves et chicorées OGM. Quant aux avis négatifs de la CGB, le gouvernement les entérine.

Une fois données, les autorisations sont de fait européennes et résultent d'un processus long et complexe déclenché par un des pays membres. La commercialisation peut être ralentie par les moratoires, mais la marche en avant est quasiment inexorable. Il en fut ainsi pour le maïs Bt 176 et Bt 11, respectivement en 1998 et 2004, malgré les objections de nombreux pays (voir fig. 8, p. 132).

Une autre commission, dite souvent « des toxiques », homologue l'utilisation d'un produit phytosanitaire tant sur les OGM que sur les plantes normales. Enfin, le Comité de biovigilance, une initiative française, a vu le jour après la loi d'orientation agricole de 1999 – quoiqu'elle ait commencé d'exister par anticipation, n'étant encore que provisoire, au printemps 1998 [1] : il assure la transparence de la surveillance réglementaire des expérimentations d'OGM par les fonctionnaires du Service de la protection des végé-

1. L'auteur a été nommé à cette date au Comité provisoire de biovigilance des OGM.

taux du ministère de l'Agriculture, mais ne se réunit pas fréquemment. Cette biovigilance a vocation à devenir internationale.

La réglementation, la législation européenne

La législation européenne fut la première relative aux OGM (directives et règlements) : elle date du début des années 1990 et a été acquise de haute lutte par le Parlement européen. Elle est en évolution permanente mais conserve encore de grandes carences. Le député européen Paul Lannoye a beaucoup travaillé à la mise en place de nouveaux règlements. Le texte de base, la directive 90/220/CEE, est relatif à la dissémination volontaire d'OGM dans l'environnement. Il fixe les conditions et procédures pour les essais de recherche et de commercialisation, et concerne aussi les produits importés contenant des OGM. Une révision en a été publiée et s'y est substituée en 2001 pour le « clarifier et le rationaliser » : c'est la directive 2001/18. Une procédure de simplification est prévue pour les compagnies ou industriels qui disposent d'une expérience acquise dans la fabrication d'OGM comparables, ce qui peut englober des constructions génétiques proches, réalisées aux mêmes fins. Ce point est très délicat, car il ne prend pas en compte le fait que les effets secondaires peuvent varier selon le lieu d'insertion chromosomique. Au cours de la préparation de cette révision, les dispositions visant à instaurer un régime de responsabilité civile pour les industriels, ou à interdire les gènes marqueurs de résistance à des antibiotiques, n'ont pas été votées par la majorité parlementaire. Ce qu'un certain nombre de scientifiques et la presse ont jugé inadmissible.

La directive 98/44/CEE sur la protection juridique des inventions biotechnologiques permet le brevetage des OGM dans les faits, pour assurer la sécurité des entreprises. Elle harmonise la législation européenne avec celle des États-Unis. Cette directive doit, comme les autres, être transposée en droit dans chaque pays d'Europe[1], alors que certains gouvernements s'opposent au brevetage des gènes humains. Peut-être s'opposeront-ils un jour au brevetage des gènes en général, qui ne sont pas des inventions mais des découvertes. Le texte manque de cohérence quant à ce qui est effectivement brevetable – c'est le résultat des contradictions politiques –, et les Pays-Bas comme l'Italie ont introduit un recours devant la Cour de justice européenne. De plus en plus, c'est la réglementation européenne qui fait foi dans une com-

1. Une directive européenne, pour être applicable, doit être transposée par l'État membre.

munauté de 25 pays et 450 millions d'habitants. Les dix pays entrés dans l'Union en 2004 ont d'ailleurs accepté le principe des dosages d'OGM avec un laboratoire central qui doit les y aider.

La traçabilité et l'étiquetage

La traçabilité permet de suivre un produit fini « de la fourche à la fourchette ». De son origine donc, la parcelle et la semence, ou l'animal dans son enclos, jusqu'au magasin. L'étiquetage est censé donner une information transparente sur le produit acheté. Un logo « issu d'OGM » serait le plus facile à identifier, signifiant ainsi que le produit a payé pour l'établissement de sa propre filière de transformation. Depuis les années 1980, les industriels et producteurs d'OGM n'ont pas choisi cette voie et créent la confusion dans les possibilités d'étiquetage. Les problèmes sont de plusieurs natures : dans les champs, les possibilités de contamination des plantes (par croisements), donc des récoltes, puis des semences vendues, existent bel et bien. La séparation entre les différents types de cultures, mais aussi durant le transport et dans les usines de transformation, n'est pas étanche. Pour la Confédération française des semenciers, « une remise en question de la présence fortuite de semences génétiquement modifiées serait inacceptable[1] » : c'est dire qu'elle admet de fait que les OGM sont devenus des produits contaminants répandus. On parle donc de nouvelle « pollution génétique ». La ségrégation est cependant possible, et réalisée pour les OGM médicamenteux ou prévue en cas de valeur ajoutée réelle du produit. Un demi-siècle de technicité, de dosages et d'avancées dans les connaissances sur la toxicité ne peut que nous engager à une transparence et une hygiène exemplaires, à une séparation jusque dans la préparation des produits d'origine, pour retracer au besoin le cheminement d'une contamination, avoir une information sur le système de production, ou encore initier des études d'épidémiologie en cas de doute. La vitesse de commercialisation des nouveaux produits et l'importance de la population y étant brusquement exposée – 6 milliards de personnes – demanderaient l'application plus stricte du principe de précaution.

Le règlement européen 258/97 sur les nouveaux aliments et ingrédients a, le premier, prévu un étiquetage spécifique lorsqu'il s'agit d'aliments contenant des OGM. Or ce règlement ayant été adopté après la mise sur le marché par importation des principaux OGM, le soja Monsanto (1996) et le maïs Novartis (1997) entre autres, il ne leur a pas été appliqué. Un règlement 1139/98, spéci-

1. Communiqué de presse, 23 juin 2000.

fique à ces deux OGM largement utilisés dans l'alimentation animale et humaine, a donc été adopté le 26 mai 1998[1], puis modifié pour tenir compte de la contamination accidentelle des denrées. Selon le règlement 49/2000 du 11 janvier 2000, le seuil de présence d'OGM en dessous duquel aucun étiquetage spécifique n'est exigé est d'1 % par ingrédient. Les règlements 1830/2003 et 1829/2003 ont abaissé le seuil à 0,9 % par ingrédient en 2004 et demandé l'étiquetage de l'alimentation animale et des produits à base d'OGM n'en présentant plus de trace décelable. Finalement, en 2004, seuls les aliments provenant d'animaux nourris avec des OGM, les additifs produits à partir d'une enzyme génétiquement modifiée et les OGM expérimentaux qui contamineraient l'alimentation ne sont pas étiquetés en Europe. La législation devrait encore évoluer, car ces produits semblent également entraîner des risques pour la santé : des animaux élevés aux OGM ont été malades (*cf. infra* « OGM et santé », p. 168-182), et l'on sait que certains résidus de pesticides associés aux OGM peuvent se concentrer dans la chaîne alimentaire.

Entre cette pléthore de règlements et leur absence aux États-Unis, des législations intermédiaires existent et évoluent à grands pas sur la pla-

1. Nous dit Paul Lannoye ; voir site internet CRII-GEN.

nète. Sur le continent sud-américain, le Brésil, principal producteur d'OGM, procède à l'étiquetage des aliments génétiquement modifiés à partir du seuil d'1 % depuis avril 2004, à l'exception notable du soja : celui-ci en contient en effet plus d'1 %, suite à une contamination. Au Canada, et au Québec en particulier, des politiques, des organismes (comme l'OPHA *) et des associations de consommateurs très virulentes sur ce point militent pour que soit rendu obligatoire l'étiquetage, alors qu'il est encore dans ce pays laissé au bon vouloir des sociétés industrielles. Plusieurs États américains, tel l'Oregon, prennent des mesures anti-OGM ou lancent des propositions d'étiquetage. Mais la FDA est contre. Les producteurs biologiques ont cependant décidé d'indiquer « sans OGM » sur leurs étiquettes – ce qui les oblige à faire effectuer à leurs frais des contrôles prouvant que leurs récoltes ne contiennent pas d'OGM. L'agriculture biologique est en effet partout très vigilante et promeut systématiquement un étiquetage ainsi qu'un régime de responsabilité pour les contaminations ; leur absence compromet la faisabilité d'un cahier des charges sans OGM.

Si l'on continue à importer les produits mélangés et à contaminer les semences sans exiger des filières OGM spécifiques, cela risque de conduire à marginaliser les aliments qui ne contiendraient pas d'OGM. En effet, les filières spécifiques « non OGM » doivent payer pour les dosages et la traçabilité des produits afin d'assurer qu'ils sont sans OGM – ce que font certains grands distributeurs, comme Carrefour, et l'agriculture biologique pour donner le choix au consommateur. Les produits d'origine contrôlée ou de terroir soutiennent cette mouvance. Aujourd'hui, c'est donc au produit qualifié « non OGM » de faire la preuve qu'aucun OGM ni produit dérivé d'OGM n'a été utilisé à un stade quelconque de son élaboration [1]…

La difficulté vient de ce que le contexte international est partagé entre deux politiques – la prédominance accordée ou non aux principes de précaution et de prévention, celle de l'équivalence en substance – et deux théories scientifiques sur l'évaluation des OGM, que nous allons à présent aborder.

1. Avis de l'administration française, *BID*, n° 6, 2000-143 (DG : 739-899).

V. POURQUOI DES RISQUES ET LESQUELS ?

Dans les commissions d'évaluation, les journaux et les colloques scientifiques du monde entier, les débats entre les scientifiques qui demandent un moratoire commercial et ceux qui ont contribué à la réglementation en vigueur ont une seule et véritable origine jamais clairement exprimée : l'affrontement de deux conceptions scientifiques. Cette réalité est malheureusement oblitérée par les amalgames peu convaincants de ceux qui voudraient posséder le vrai contre le faux, quand la réalité est plus complexe, ou faire croire que les scientifiques travaillent toujours pour le bien de l'humanité, alors que certains opèrent souvent pour le développement d'un modèle économique et industriel dominant, qui subventionne des recherches pour son propre compte.

La vision réductionniste

La première de ces deux conceptions est une vision « réductionniste » à triple titre.

Premier volet : la *vision génétique réductionniste* qui se fonde sur une idée force de la biologie moléculaire ayant eu cours dans les années 1980 et qui tente de communiquer au public et aux autorités cette notion schématique : « un gène correspond à *une* protéine et à *une* fonction », à l'image d'une lampe qui s'allume ou ne s'allume pas sur un tableau de bord. Un noyau de cellule serait tel une armoire électrique, et les gènes des fusibles. Défectueux ou absents, ils feraient disjoncter une fonction ; introduire un gène reviendrait à créer un circuit ou une nouvelle synthèse, indépendante.

La réalité est beaucoup plus subtile et le public commence d'ores et déjà à la percevoir, les connaissances sur les maladies et les découvertes génétiques ayant été fortement médiatisées. Les gènes constituent en fait un véritable écosystème dans lequel ils coopèrent et interagissent [1].

Ainsi les maïs transgéniques Bt ne seraient que des maïs comme les autres… Pour évaluer leurs qualités sanitaires, il suffirait d'étudier l'insecticide isolément, et peu importe sa source. Cela se traduit dans la réglementation par la prépondérance du principe d'équivalence en substance : le maïs est analysé et comparé à la variété non OGM correspondante selon des paramètres réper-

1. Voir, du même auteur, *Génétiquement incorrect*, chap. 2, p. 39.

toriés mais non exhaustifs. Comme la composition varie selon le climat et le terrain, la marge d'erreur autorisée est large. Le nombre de cultures analysées est lui-même laissé à l'appréciation des industriels et des comités.

Si l'insecticide, purifié à partir d'une autre source que le maïs (pour plus de facilité), ne s'avère pas un poison général à court terme (voir les tests effectués p. 129), il n'y a, selon la réglementation initiale, essentiellement américaine, nul besoin de créer une filière ou un étiquetage des produits dérivés, ni de procéder à des essais systématiques sur animaux. Et même si l'équivalence en substance n'est pas démontrée, on affirme un peu vite que « des tests toxicologiques sur l'animal peuvent être nécessaires mais ne doivent pas être systématiques : l'absence d'équivalence ne signifie pas obligatoirement une absence de sécurité[1] ». C'est pourtant ce principe qui est le plus attaqué dans les grandes revues scientifiques ou dans les associations : la British Medical Association a rejeté l'équivalence substantielle comme principe unique, réclamé un moratoire, et plus de recherches sur la sécurité ; elle est riche de 110 000 membres. Des membres de la Food and Drug Administration

1. Gérard Pascal et Christina Collet-Ribbing, « Les plantes transgéniques, enjeux et risques », *CNRS Sciences de la vie, Lettre Bio*, n° 70, avril 1997, p. 29.

(États-Unis) ont dénoncé ou mis en garde contre les dangers des OGM et d'une évaluation sommaire, créant des contradictions internes[1]. Et pourquoi ne pas se contenter du principe laxiste que prônent et reprennent certains : « Rien ne dit que ces OGM mettent en danger la santé humaine et l'environnement[2] » ?

Deuxième volet : le *réductionnisme de l'évaluation toxicologique*. Cette évaluation s'appuie sur une réglementation qui ne peut pas, par l'analyse des paramètres un à un (un produit chimique après l'autre), appréhender les effets toxiques multifactoriels à long terme sur le système reproducteur, endocrinien, immunitaire, ou les effets sur le cancer par l'accumulation de résidus chimiques dans la chaîne alimentaire. L'évaluation actuelle des pesticides est insuffisante, ainsi que celle des effets hormonaux des polluants ; le nouveau système européen prévoit de les repenser[3] mais il doit encore être amélioré tant dans ses standards que dans les délais d'exécution (au rythme actuel, il ne sera pas opérationnel avant 2020 ou 2030). Il nous faudra, pour donner une consistance scientifique au rai-

1. Voir http ://www.iceland.co.uk, « A time to choose » et rapports de la FDA sur www.biointegrity.org.

2. M. Mennessier, *Le Figaro*, 27-28 mai 2000.

3. Système REACH européen d'évaluation des pesticides et autres produits chimiques, signifiant : « Registration, Evaluation and Authorization of Chemicals ».

sonnement et avoir au final moins de maladies humaines et animales aux origines non identifiées, tester de manière aussi approfondie les OGM à pesticides sur les mammifères.

On entend dire ici ou là que nous n'avons pas les outils appropriés pour évaluer les OGM. En effet, certains responsables de l'évolution de la réglementation et des contrôles piétinent volontairement sur le seuil d'une analyse toxicologique plus poussée, afin de ne pas pénaliser le prix de revient des OGM. Disons-le clairement : si l'on rendait obligatoires les tests adaptés, certaines méthodes deviendraient non rentables et l'on se rendrait compte que des savoir-faire exploités par l'agriculture biologique, par exemple, arrivent à des résultats bien meilleurs. Le politique a-t-il besoin d'attendre les résultats d'études épidémiologiques coûteuses, les constatations corrélées de malades ou de morts, pour prendre des décisions de retrait ou d'information officielle ? Ne pas mettre en place le principe de précaution coûte extrêmement cher à la société. Les exemples célèbres ne manquent pas : l'amiante, l'étiquetage longtemps absent des paquets de cigarettes, l'ESB * ou maladie de la vache folle, les dioxines, la toxicité des pesticides tel le DDT[1],

1. L'usage des pesticides a pris son plein essor après la Seconde Guerre mondiale avec le DDT, ou dichlorodiphényltrichloréthane, qui a été l'insecticide le plus utilisé.

l'atrazine[1], dont on a continué à abuser bien après que l'on eut découvert leurs nuisances…

On a trouvé dans les dossiers d'évaluation des maïs transgéniques[2] de pauvres tests de deux semaines réalisés sur quatre vaches (quand l'une meurt, on la sort de l'étude), qui se réduisent presque à la mesure du poids des animaux et de la présence d'insecticide dans le lait ou, au mieux, à celle de la croissance de poulets[3] durant quelques dizaines de jours. Les tests sur mammifères sont donc laissés au bon vouloir des industriels. Sans doute s'agit-il pour eux de tests de luxe.

Comment espère-t-on convaincre l'Europe que les OGM sont inoffensifs tant que personne n'a nourri pendant des mois des rats, des vaches, des porcs ou des moutons avec des plantes transgéniques en réalisant des bilans métaboliques ? Cette demande de précaution a été reprise pour certains dossiers par l'AFSSA. Les opposants répondent que s'il y avait un problème concernant les animaux nourris aux OGM depuis l'autorisation de ceux-ci aux États-Unis, cela se saurait. C'est rejeter bien inconsciemment d'un simple revers

1. Herbicide utilisé pour la culture du maïs.

2. Pour le maïs Bt 176 et Bt 11 de Novartis.

3. Comme les tests récents publiés par Monsanto sur l'équivalence en substance du maïs tolérant au Roundup, et sur la croissance des poulets : *J. Agric. Food Chem.*, 48, 6, juin 2000, p. 2305-2312.

de main tous les désordres métaboliques qui ne sont pas visibles d'emblée ou ne tuent pas. Et la vie d'un animal de boucherie est courte…

Cette vision est soutenue par des lobbies industriels, certains scientifiques et politiques, et la réglementation conçue dans les années 1980 y est conforme. En général, dans les congrès internationaux sur les biotechnologies végétales, on pense qu'une telle évaluation est correcte.

Mais il y a beaucoup plus grave : même lorsque les industriels font les tests adéquats sur la santé des rats (le meilleur modèle de mammifère connu et utilisé couramment à ces fins) pendant trois mois, mesurant la composition sanguine, urinaire et le fonctionnement des organes, ils minimisent ou occultent les résultats qui permettraient de conclure à des effets néfastes, trouvant comme complices des « scientifiques » peu scrupuleux qui siègent à des postes clés dans les commissions. Ainsi la CGB refusait-elle de rendre publics, malgré de nombreuses demandes faites en 2003 [1], les procès verbaux détaillés de ses réunions où l'on évalue les OGM destinés à être commercialisés en Europe. Le CRII-GEN, présidé par Corinne Lepage, a insisté et fini par saisir la Commission d'accès aux documents administratifs, qui lui a

1. « La transparence transgénique de plus en plus opaque », *Le Canard enchaîné*, 25/06/2003.

donné raison : les comptes rendus lui ont finalement été communiqués. Ceux de l'année 2003 sont parvenus avec des passages entiers manquants. En dépit de ces informations tronquées, des faits surprenants et inquiétants ont été constatés, auxquels le journal *Le Monde* a consacré une page entière en avril 2004[1]. Par exemple, cinquante différences significatives ont été relevées chez les rats consommant un maïs OGM NK603 mais, pour des raisons peu crédibles, elles ont été jugées « sans signification toxicologique » par un expert et le président, qui envoyèrent dans l'urgence cet avis aux autorités européennes pendant les vacances d'août avant de consulter la CGB.

Des tests comparables avec le colza GT 73 ont mis au jour des différences au niveau du foie et des reins. Avec le maïs MON 863, finalement reconnu par l'Europe comme ne présentant pas de « risque nutritionnel », on a remarqué une « augmentation significative des globules blancs et des lymphocytes chez les mâles », une « baisse des réticulocytes » (les jeunes globules rouges) chez les femelles, une « augmentation significative de la glycémie chez les femelles » (taux de sucre dans le sang), des « fréquences plus élevées d'anomalies (inflammation, régénération…) » des reins

1. H. Kempf, « L'expertise confidentielle sur un inquiétant maïs transgénique », *Le Monde*, 23 avril 2004, p. 10.

chez les mâles… Et si la CBG ne conclut pas, elle n'ordonne pas non plus de prolonger les expérimentations ! Ces OGM sont pourtant faits pour absorber ou produire des pesticides !

Mais si les commissions et l'agence européenne relèvent les effets tout en les minimisant par des subtilités d'interprétation, et que la Commission de l'Union européenne accepte finalement la mise sur le marché, comme pour le maïs Bt 11, c'est pour s'assurer une certaine immunité. Car que se passerait-il en cas de maladies ou de morts chez les animaux de ferme ou les humains ? On dirait qu'en l'état actuel des connaissances l'OGM ne présentait pas de risque pour la santé, et la multinationale serait déclarée non responsable. Elle invoquerait le « risque développement », retirerait son produit du marché mais n'aurait pas à dédommager les victimes, puisque les commissions scientifiques auraient jugé son produit inoffensif, ce qu'elle clamerait haut et fort dans les médias. À l'inverse, si les effets significatifs n'étaient pas du tout évoqués, en cas de procès des juges pourraient déceler un vice de fond et incriminer le travail de la commission nationale ou de l'agence européenne, ou bien encore trouver des coupables. Ainsi le Conseil d'État a-t-il suspendu l'autorisation de commercialiser le maïs Bt 176 délivrée par le gouvernement français en 1998 au motif que le dossier était incomplet, car le risque présenté par le gène de résistance à un antibiotique n'avait pas été étudié (voir encadré, p. 48).

Par quels subterfuges une entreprise de biotechnologie peut-elle minimiser des effets pourtant significatifs sur la santé ? La question mérite qu'on s'y arrête, d'autant que la réponse illustre parfaitement les limites et les assises de la vision réductionniste. Pour obtenir une autorisation, la société doit communiquer des comptes rendus d'expériences effectuées sur des rats de laboratoire : ceux-ci proviennent en général de souches élevées pour la circonstance, et sont utilisés selon des normes internationales. Comme dans les pensionnats, les mâles sont séparés des femelles et parfois élevés dans des cages individuelles. Température, hygiène, lumière, boisson, nourriture et espaces sont contrôlés. Aucune souffrance inutile ne leur est infligée. On effectue des prises de sang régulières, complétées par des mesures de poids et de consommation. Les animaux sont soumis à des régimes équilibrés constitués de croquettes qui, selon les groupes, contiennent différentes proportions de maïs ou de soja, génétiquement modifiés ou non. Après trois mois d'expérience, les muridés sont sacrifiés, afin que les experts de la société puissent étudier leurs organes. Ils comparent les données de plusieurs groupes de dix à quinze sujets. Un groupe a reçu par exemple 11 % de maïs OGM dans la nourriture, un autre

33 % ; un dernier a été nourri selon un régime comprenant les mêmes proportions de maïs, mais d'une variété non génétiquement transformée : ce sont les groupes dits « témoins » ou « contrôles ». Si les observations révèlent des différences entre ces groupes et le groupe « contrôle », on compare ces données à celles de plusieurs groupes nourris à base d'autres maïs non OGM ou, pis, on les compare aux références « historiques » du laboratoire ! Il s'agit du nébuleux groupe « référence », auquel on ne peut donner une réelle crédibilité scientifique : tout d'abord, il comprend des rats qui consomment diverses variétés de maïs, ou dont les régimes n'ont pas été clairement définis par le laboratoire ; ensuite, ce groupe étant de loin supérieur en nombre à celui des rats nourris aux OGM, les écarts aux moyennes des paramètres étudiés deviennent importants, ce qui annule toute différence. La faiblesse des études statistiques est d'ailleurs soulignée par les examinateurs des comptes rendus. À cette méthode très discutable peu de différences résistent, d'autant moins qu'en trois mois la toxicité des pesticides à faible dose n'est pas encore très visible. C'est parfois au bout de six mois ou deux ans que chez certains rats se déclenche un cancer. Mais lorsque des différences demeurent, certains experts font valoir un dernier argument : « L'effet n'est pas proportionnel entre le groupe qui reçoit 11 % d'OGM

Le débat

Pourquoi les commissions scientifiques à travers le monde ne demandent-elles pas plus de tests pour vérifier l'éventuelle toxicité des OGM avant leur commercialisation ?

« Risques sur la santé : beaucoup d'opinions mais peu de données » titre en 2000 le scientifique Jose Domingo dans la fameuse revue *Science*[1], mettant en évidence les lacunes. En 2002, les Académies de science et de médecine ainsi que l'OMS concluent à l'absence de risque, sans faire état dans leurs rapports d'aucune étude épidémiologique ni toxicologique. Si des publications scientifiques concluent que les plantes transgéniques – celles qui produisent un insecticide[2] comme celles qui tolèrent un herbicide[3] – ne constituent pas un risque pour la santé, elles ne décrivent pas le protocole des tests effectués avec l'insecticide de la plante transgénique, ne mentionnent ni le nom exact de la variété transgénique testée ni la quantité d'herbicide reçue ou contenue par les plantes. Dans le même temps, l'AFSSA confirme dans un avis émis en juin 2002 que « des études de toxicité subchronique[4] devraient être exigées sur des animaux de laboratoire ». Louis Aumaître, dans une revue des tests de nutrition effectués avec toutes les plantes OGM destinées à la commercialisation[5], et que Monsanto cite volontiers comme référence, confirme qu'aucune expérience ne dépasse alors 28 jours chez le rat, 42 jours chez le poulet,

1. N°288, 2000, p. 1748-1749.
2. Betz *et al.*, *Reg. Tox. Pharmacol.*, n°32, 2000, p. 156-173.
3. Teshima *et al.*, *J. Food Hygienic Soc. Japan*, n°41, 2000, p. 188-193 ; Brake *et al.*, *Food Chem. Tox.*, n° 42, 2004, p. 29-36.
4. Soit, en général, de trois mois environ.
5. L. Aumaître, *INRA Prod. Anim.* n°15, 2002, p. 97-108.

104 jours chez le porc et 91 jours chez la vache laitière ; seules deux expériences sont de l'ordre de 200 jours chez le bovin à l'engrais. La plupart des tests sont très récents. En outre, la FDA n'aurait pas les moyens de financer de telles expériences[1]. Pourquoi pas plus d'exigences, pourquoi maintenir un réductionnisme scientifique ?

On peut énumérer les raisons, de la plus à la moins fréquente, qui expliquent le laxisme et le manque d'indépendance de l'expertise scientifique :

1/ Les commissions d'experts chargés d'évaluer les biotechnologies y sont logiquement très favorables de par leur formation – ils travaillent en grande majorité dans ce domaine –, et par intérêt – la promotion des OGM attire des fonds publics et privés qui financent le développement de leur spécialité.

2/ L'organisation des commissions, des procédures et des directives instaure grâce aux lobbies un système de fonctionnement en faveur des industriels : les délais d'examen sont courts ; les experts, des chercheurs en général, sont peu reconnus pour ce travail qui les détourne de leurs propres travaux ; certains sont choisis par les industriels ; les commissions manquent de moyens pour effectuer des contre-expertises.

3/ Les membres de ces commissions sont compétents dans le domaine des biotechnologies, alors qu'on leur demande d'évaluer les risques sur la santé ou l'environnement.

4/ Il est fort rare de voir des experts qui se sont prononcés sur l'absence de risque revenir sur leur avis et admettre, si nécessaire, certaines erreurs ou lacunes : les

1. P. Deroin, *Biofutur*, n°234, 2003, p.6.

réputations sont trop importantes pour obtenir des fonds ou des créations de postes. Pourtant, en cas de problème sanitaire humain ou animal, c'est l'expertise scientifique qui engage la responsabilité des ministres. Beaucoup d'experts militent auprès de leurs successeurs et des diverses commissions afin que les critères d'évaluation soient uniformisés, standardisés, les avis pris en compte : ainsi « la science » paraîtra infaillible. La critique, plutôt que de favoriser le débat et donner lieu à de nouvelles analyses, est rejetée, voire discréditée.

5/ Les avis, qui vont être institués en cadres de pensée et en théories, rendus sur des questions aussi diverses que les atteintes à la biodiversité, les incidences sanitaires de la pollution par les pesticides, la contamination de l'agriculture biologique par les OGM, sont préparés à la faveur des congrès, où les industriels sont très présents, ainsi qu'avec les représentants des ministères.

6/ Ce milieu, pas plus qu'un autre, n'est à l'abri des communautés d'intérêts de tous ordres (enjeux financiers, de carrière, etc.). En outre, ce monde est composé d'un petit nombre de personnes qui, au niveau interna-

et celui qui en mange 33 %, et ne doit donc pas être lié à l'OGM » ! Et le tour est joué. Bien sûr, les dysfonctionnements hormonaux ou cellulaires ne varient pas toujours proportionnellement à la dose reçue (une forte dose peut parfois même provoquer des effets contraires). Mais toute critique est *a priori* rejetée. La conclusion est acceptée.

Troisième volet : *une vision réductionniste des*

tional, finissent par se connaître. Qui plus est, personne ne vérifie les déclarations d'indépendance des chercheurs.

7/ Beaucoup d'experts sont approchés pendant, avant ou après leur travail d'évaluation, par des entreprises de biotechnologie qui veulent protéger leurs intérêts économiques. Leurs arguments vont de la promesse financière au chantage à la réputation – ainsi, financer l'organisation d'une conférence internationale peut asseoir la carrière de quelqu'un, diffuser une calomnie la détruire. La corruption est donc malheureusement possible.

Pour éviter ces dérives, une des solutions serait de favoriser l'expertise non seulement indépendante, mais aussi contradictoire. Un expert serait nommé par la société semencière, un autre par les associations de consommateurs ou de défense de l'environnement ; les deux seraient rémunérés à la même hauteur. Ils seraient les avocats de chacune des parties en présence, et les commissions joueraient alors un rôle de « tribunal ». Toutes les délibérations seraient publiques, les protocoles et résultats des tests toxicologiques communiqués, et les secrets industriels limités aux détails de conception.

écosystèmes. Dans les commissions d'évaluation des OGM, il y a un manque d'évaluation de l'environnement au sens large (autre qu'agricole), consécutif à un manque de connaissance des écosystèmes. Depuis la Seconde Guerre mondiale, l'enseignement de l'écologie ou de la malherbologie * a été fort peu développé au niveau supérieur, comparé à celui de la biologie moléculaire. Ici et là la dominante culturelle, l'économie aux

États-Unis et les réactions sociales en Europe, plus que la raison scientifique façonne les lois[1].

La vision à complexité intégrée

La vision scientifique, qui prend de l'ampleur, a appris des résultats récents de la génétique moléculaire, de la recherche de pointe, que les gènes ont souvent des fonctionnements régulés de manière corrélée et complexe, voire inattendue, que la vie du génome est subtile et fluide, que la place d'un transgène sur un chromosome peut influencer considérablement la variabilité de son expression au cours du développement, ou selon le tissu. C'est l'« effet de position », difficilement prévisible. On se contente alors d'expérimenter la plante en champ, d'observer son phénotype, à savoir sa morphologie et la viabilité du caractère introduit, comme la résistance à tels insectes.

La fonction principale d'un gène (ou d'un transgène) peut ne pas être conservée d'une espèce à l'autre. Son rôle connu peut aussi en cacher un autre, non moins important.

Prenons l'exemple des transposons * : ces fragments d'ADN naturels sont présents dans tous les organismes, ils se déplacent et s'intègrent dans le

1. Levidow, *Biofutur*, n° 200, mai 2000, p. 42-47.

génome en interrompant des gènes essentiels, et participent de la sorte au vieillissement ou à l'apparition de maladies. Ainsi, la stabilité génétique peut être remise en cause, surtout en cas de stress (forte chaleur pour les plantes, virus...) qui déclenche la mobilité des transposons.

Par ailleurs, des signaux chimiques circulant dans la plante sont capables d'éteindre des gènes artificiellement introduits : le phénomène de *silencing* fait sans doute partie des mécanismes de défense de la plante contre des virus qui, eux aussi, introduisent leur patrimoine génétique dans ses chromosomes pour se reproduire. On aurait pu croire que la présence de plusieurs transgènes dans le génome amplifiait toujours l'expression de la protéine désirée, alors que l'effet inverse peut être obtenu, jusqu'à l'extinction du transgène : il s'agit de l'inhibition sens, ou antisens.

Que les transgènes et promoteurs de virus puissent perturber les gènes et le métabolisme environnants de façon importante [1], subtile, ou indétectable lors de la mesure de la composition chimique générale est un argument qui pèse peu dans l'évaluation d'un OGM. Ces phénomènes

1. En créant une mutation délétère si le transgène s'insère en interrompant un gène essentiel. C'est même une manière utilisée en génétique pour réaliser le K-O des gènes (leur extinction).

feraient partie des variations imprévisibles et encore incomprises qui pourraient, pourquoi pas, affecter des plantes normales. Comment peut-on traiter la perturbation d'un équilibre génétique et physiologique par un haussement d'épaules ? Ces incertitudes globales sont peu communiquées au public sous prétexte qu'elles seraient trop difficiles à saisir par des non-initiés. On se contente d'afficher une belle assurance quant à la puissance et la précision chirurgicale du génie génétique. Le manque de maîtrise des chercheurs n'est pas abordé.

Les découvertes récentes imposent de considérer l'OGM comme un nouvel organisme à part entière. Si nous sommes bien conscients que ses effets métaboliques ou indésirables sur la santé et l'environnement ne peuvent être tous scientifiquement prévus ou examinés (les effets allergiques, par exemple), la seule réponse plausible avant l'autorisation de mise sur le marché est un suivi rigoureux des tests en champ, la création d'une filière et d'un étiquetage précis. Ce qui n'est pas respecté dans les faits, la loi sur l'étiquetage ayant été adoptée en Europe bien après les autorisations d'importations, et ces dernières arrivant toutes récoltes confondues.

Cette conception scientifique propose aussi de faire évoluer rapidement les normes toxicologiques dans le sens d'une complexité intégrée. Ce qui signifie : tester les OGM à pesticides comme des pesticides, avec des expérimentations de toxicologie et de cancérologie sur des rongeurs et non-rongeurs, sur des mammifères. D'une part, comme nous l'avons vu, ces plantes produisent de nouveaux pesticides, d'autre part, elles en absorbent, ce qui peut changer leur métabolisme. Il convient d'analyser leurs effets pseudo-hormonaux sur la reproduction [1], sur la pollution génétique (xénobiotiques * adduits * à l'ADN) [2], et les cancers. D'examiner aussi leurs éventuels effets neurotoxiques * manifestés dès la vie embryonnaire des mammifères [3] et détectables chez les jeunes animaux.

Ce sont des effets toxiques possibles si l'on se réfère aux publications scientifiques sur les toxi-

1. Effet montré par exemple pour le Roundup associé à la majorité des cultures OGM dans le monde, sur le sperme des lapins : Yousef *et al.*, *J. Environ. Sci. Health*, B30 (40), 1995, p. 513-534.

2. Sur la toxicité génétique du Roundup, par exemple : Kale *et al.*, *Environ. Mol. Mutagen*, n° 25, 1995, p. 148-153 ; Peluso *et al.*, *Environ. Mol. Mutagen*, n° 31, 1998, p. 55-59 ; Bolognesi *et al.*, *J. Agric. Food Chem.*, n° 45, 1997, p. 1957-1962.

3. Pour le glufosinate, principe actif de l'herbicide Basta ou Liberty, qui est en fait un analogue de neuromédiateur (de molécule servant dans la transmission de l'influx nerveux), par exemple : Fujii, *Cancer causes and control*, n° 8, 1997, p. 524-528, et Watanabe, *Neurosc. Letters*, n° 222, 1997, p. 17-20.

cités des pesticides associés aux OGM (Roundup et Basta) ; le principe de précaution n'a pas été intégré dès l'évaluation.

Bien sûr, on en fait moins avec les aliments conventionnels. Mais ce ne sont pas des pompes à pesticides. Par ailleurs, l'augmentation de l'espérance de vie [1], héritée essentiellement du développement de l'hygiène et des médicaments dans les pays industrialisés, ne masque-t-elle pas l'émergence ou l'augmentation des déficiences immunitaires, respiratoires, des cancers, des perturbations endocriniennes, génitales, ou génétiques, détectables dès la naissance, et favorisées par les polluants de l'air, de l'eau et des aliments ?

Les métabolites *, qui sont formés dans l'organisme à partir des herbicides associés aux OGM, tel le Roundup, peuvent, en se liant à l'ADN des mammifères après ingestion, se concentrer perfidement dans la chaîne alimentaire [2], et avoir des effets secondaires [3], ou même des effets sur la

1. Cette augmentation de l'espérance de vie a été réduite en France en 2004 à la suite de la canicule de l'été 2003.

2. Comme les dioxines, polluants de l'air et alimentaires.

3. L'auteur a décrit et donné des références pour ces effets dans deux ouvrages sur les OGM : *Génie génétique, des chercheurs citoyens s'expriment* et *Transgénique, le temps des manipulations*, et aussi un exposé plus général : *Le Sursis de l'espèce humaine*. Sur les effets des OGM, on consultera utilement la bibliographie de *Génétiquement incorrect, op. cit.*

régulation des gènes introduits. De nombreux scientifiques ne manquent pas d'expliquer, au niveau international, les risques toxicologiques inhérents au génie génétique [1].

Le principe de Paracelse, « la dose fait le poison », est à replacer au sein d'une connaissance plus vaste : la posologie répétée à moyen et long terme, le moment de la prise du médicament dans la journée, ou au cours du développement de l'organisme, l'interaction avec un autre composé, ou l'effet hormonal indirect sont susceptibles de soigner ou de créer une pathologie. Tout comme l'effet d'un médicament varie. C'est évident en immunologie, en cancérologie… En endocrinologie, comme nous l'avons vu, une substance peut avoir une conséquence ou son contraire, selon la dose. Il faut aussi tenir compte des actions combinées, à potentialisateurs *, ou des effets à long terme [2], des faibles doses pouvant s'accumuler dans les tissus. 99 % des OGM commercialisés peuvent former de nouveaux métabolites. Cela est d'ailleurs typique des plantes transgéniques [3].

1. Voir site http ://www.psrast.org/defknfood.htm.

2. Les effets à long terme sont mieux compris depuis les épidémies de sida ou d'ESB, ou les toxicités dues à l'amiante, à Tchernobyl.

3. René Scalla, Laboratoire des xénobiotiques des plantes, INRA Toulouse, Colloque médical du Sud Aveyron, juin 2000.

Auparavant, on ne mangeait pas aussi fréquemment des plantes au Roundup ! Celui-ci, que la publicité voudrait faire passer pour le « Monsieur Propre » des végétaux, connaît une dégradation dans le sol [1] très variable, qui peut durer plusieurs mois. On retrouve même ses dérivés dans les rivières. Des micro-organismes participent certes à sa dégradation, mais il peut aussi se fixer sur les argiles, et présente une accumulation stable dans les plantes [2]. De nombreuses précisions manquent encore pour tracer un portrait de l'action complète de l'herbicide.

Pourquoi les méthodes réductionnistes sont la source de risques sanitaires

Les méthodes d'évaluation actuelles permettent d'aller vite et sont plus économiques pour les industriels. Elles n'en resteront pas moins incomplètes et primitives au regard de l'histoire des sciences. Elles laissent ouverte une

1. Voir Aigle *et al.*, *Les Plantes transgéniques en agriculture*, John Libbey Eurotext, 1996, p. 111-128.

2. Kishore *et al.*, *Weed Technol.*, n° 6, 1992, p. 626-634. Voir aussi, dans *Génie génétique, Sang de la Terre*, l'article de l'auteur (voir bibliographie).

large brèche entre l'évolution des connaissances toxicologiques et l'avancée des réglementations.

Il a fallu se battre longtemps au XXe siècle pour faire admettre la toxicité du tabac, alors que des compagnies s'attachaient à publier dans leurs revues des affirmations contraires, ou arguaient de l'absence de preuves. Il a fallu des millions de cercueils, et que l'État se débarrasse enfin de ses actions dans cette industrie pour voir rendue officielle la réalité que tous les scientifiques connaissaient. En l'occurrence, il était pourtant facile de relier une consommation mesurable à une pathologie, le cancer du poumon, ou à des désordres cardio-vasculaires.

Pour les pesticides, c'est tout le contraire. Ce sont souvent des polluants chimiques qui ont été imaginés pour être relativement stables et toxiques, des empoisonneurs à bas bruit des fonctions de base de la cellule, donc de toutes les grandes fonctions de l'organisme. Parler d'une toxicité spécifique pour les plantes ou les insectes, c'est oublier qu'un composé puissant laisse toujours des effets secondaires à découvrir – la liste pour chaque médicament est longue, et les médicaments sont des substances faites pour soigner. Comment celles qui sont faites pour tuer pourraient-elles ne pas entraîner d'effets secondaires, comme tous les principes actifs ? Ceux-ci sont d'ailleurs publiés, et d'autres seront découverts.

Mais les OGM ne sont pas du tout testés comme des médicaments. Et pour cause… Les tests sur animaux et les tests cliniques requis pour lancer un médicament représentent un lourd investissement[1], en général amorti par un brevet d'une durée de vingt ans au minimum et une marge importante entre le coût de fabrication du principe actif et le prix de vente du produit. Il en va globalement de même pour les pesticides chimiques.

Une bonne variété végétale ne dure que quelques années dans les ventes correctes du catalogue officiel, et n'a qu'une marge faible. En six à huit ans, elle est détrônée par de nouveaux hybrides, et par la mode. La recherche appliquée et le commerce font que la durée de vie des nouvelles variétés diminue. Et les OGM amplifient ce phénomène, véritables logiciels d'ADN à mettre régulièrement à jour pour capter le marché. De plus, l'OGM est un pro-

1. Daniel Vasella, alors président du groupe Novartis, expliquait dans une interview au *Figaro économie* du 30 septembre 1999 : « Nous devons investir aujourd'hui (au moins) 250 millions d'euros pour lancer un nouveau médicament » (p. 42).

Figure 9. Soja transgénique tolérant un herbicide

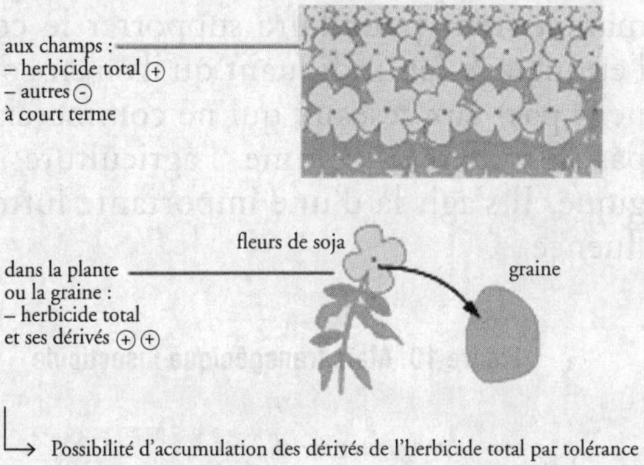

duit vivant auquel les insectes s'habituent et les mauvaises herbes aussi. Rapidement, il faudra insérer dans la plante un nouveau gène d'insecticide ou lui permettre de tolérer un autre désherbant. Pendant ces quelques années, les industriels voudront breveter, et ils chercheront à éviter les tests de toxicité qu'on pratique pour homologuer un médicament ou un pesticide. Et peu importe que la plante ait été produite pour synthétiser ou absorber un pesticide ! La rentabilité des OGM de première génération repose sur l'absence de tests prolongés sur mammifères, sur le brevetage des organismes vivants et le non-étiquetage. En Europe, l'étiquetage a été imposé, ce qui a changé la donne, puisque les OGM ne se sont pas développés. Mais certaines compagnies manœuvrent pour faire supporter le coût de l'étiquetage (en indiquant qu'ils n'en contiennent pas) aux réseaux qui ne commercialisent pas les OGM, comme l'agriculture biologique. Il s'agit là d'une importante lutte d'influence.

Figure 10. Maïs transgénique insecticide

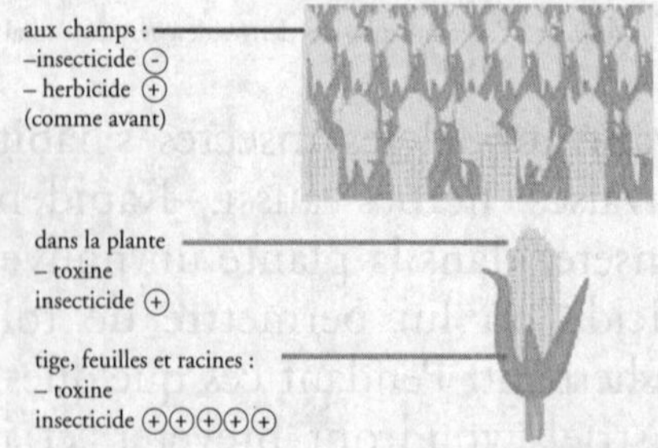

Conséquences :
- Effets à long terme sur la santé et l'environnement ?
- Apparition d'insectes résistants (Bt)
- Hybridation avec maïs non transgénique

OGM et santé

Malgré des tests préalables, certains pesticides sont retirés du marché ou très limités dans leur usage pour cause d'effets cancérogènes, irritants ou neurotoxiques indésirables[1]. Comment, dans ces conditions, des plantes à pesticides moins testées au niveau toxicologique ne seraient-elles pas dangereuses ? La question est simple : combien de temps faudra-t-il pour que la société consente à étudier sérieusement ces effets toxiques – souvent subtils mais qui, à long terme, peuvent devenir lourds et très graves –, à les admettre et à s'en protéger ?

Sans tests sérieux de nutrition sur mammifères, un certain nombre de questions et de risques se dessinent aujourd'hui. Ils dépendront bien sûr des transgènes insérés, et des inconnues de la méthode non dirigée. On peut les répartir en six catégories, pour 99 % des OGM commercialisés :

• *Les effets de l'herbicide, de ses adjuvants et de leurs résidus métaboliques* : les deux tiers des OGM ont vu leur métabolisme modifié (par la transgenèse) afin de ne plus mourir pour avoir absorbé un des deux désherbants, le glyphosate dans le Roundup (voir le soja, fig. 9, p. 167) et le glufosinate dans le Basta ou le Liberty. Ces problèmes se posent à l'actuelle Commission européenne d'homologation des produits phytosanitaires, ou aux organismes internationaux divers comme l'OMS, qui établissent les seuils admis-

1. Cela a été le cas du DDT, de l'atrazine, etc.

sibles des principaux résidus. Les pesticides sont déjà détectés dans un certain nombre de plantes normales qui les absorbent par les feuilles ou l'eau des sols chimiquement contaminés [1], les Services de la protection des végétaux des pays développés effectuant régulièrement des dosages de contrôle. L'établissement des seuils (limites maximales de résidus admissibles) reste relativement théorique et dépend de la nature des expérimentations et de la politique menées [2].

« En juin 1997, à New York, le représentant du ministère public a obligé Monsanto à retirer des publicités affirmant que le Roundup était biodégradable et respectueux de l'environnement. Selon le département de santé publique de l'Université de Californie, le glyphosate serait la troi-

1. Selon le ministère de l'Agriculture, des résidus de pesticides sont détectés dans 30,2 % des cas pour les carottes, 23 à 44 % des cas pour les endives (selon l'année), 45,8 % pour les prunes, 40 % pour les concombres, 28,3 % pour les poireaux… Ces légumes ou fruits ont été traités avec des pesticides. Ces derniers pourront contaminer à distance (par le vent, l'eau, les pluies…) un champ traité en agriculture biologique, mais celui-ci n'aura pas les pesticides venant de sa propre culture en plus.

2. L'Australie, avant d'importer les plantes OGM tolérantes au Roundup, avait fixé le seuil d'admissibilité du glyphosate dans le soja à 0,1 ppm (partie par million) ; il a été relevé à 20 ppm (200 fois le précédent), lorsqu'on a commencé à consommer des OGM dans ce pays.

sième cause de maladies liées aux pesticides parmi les agriculteurs », écrivent après enquête Georges Monbiot et ses collaborateurs[1].

Dans certains cas, les pesticides miment des hormones ou des neurotransmetteurs *, et si leurs effets perturbateurs sur le système endocrinien sont relativement bien connus par la recherche fondamentale, ils sont faiblement étudiés par les commissions d'homologation. Les États-Unis réfléchissent à la manière de développer des tests de routine pour les autorisations. À l'heure actuelle, les effets sur la toxicité nerveuse doivent être massifs pour qu'on les décèle chez des rats. Nous avons cité les risques publiés de ces toxiques et de la bioaccumulation lente de certains métabolites méconnus[2].

De tels problèmes existent aussi avec les nouvelles variétés non OGM, rendues tolérantes à des herbicides par sélections successives. Elles sont certes beaucoup moins tolérantes que des OGM, mais devront aussi être soumises à des tests comparables.

• *Les effets de l'insecticide protéique* : un tiers des OGM en produisent, tels les maïs Bt dans la majorité de ces cas (voir fig. 10, p. 168). Nous

1. *Courrier international*, n° 381, 25 février 1998, p. 8.
2. Neskovic *et al.*, *Bull. Environ. Contam. Toxicol.*, n° 56, 1996, p. 295-302.

avons vu que cet insecticide ne correspond pas à la composition de l'insecticide directement produit par le micro-organisme Bt (voir fig. 6, p. 89) ; en général, sa séquence codante d'ADN peut être tronquée de 44 % dans les OGM. Au contraire de la bactérie, et de ses sécrétions, cet insecticide n'a jamais été homologué comme un pesticide courant, sous prétexte que la plante n'est pas un insecticide. Celle-ci a pourtant été mise au point pour développer cette propriété. On sait depuis longtemps qu'un des insecticides de Bt peut, *in vitro*[1], détériorer les globules rouges humains, un autre endommager les cellules intestinales de mammifère[2]. Le mécanisme d'action de celui du maïs Bt est encore incertain chez les insectes : il troue les parois cellulaires, et sa cible exacte (ou récepteur[3]) n'est pas complètement caractérisée et continue de faire l'objet d'études[4], alors que ces maïs se retrouvent dans l'alimentation sous diverses formes. Il semblerait qu'il ne se lie pas aux parois intestinales

1. Rani et Balaraman, *Indian J. Exp. Biol.*, n° 33, 1996, p. 1241-1244.

2. Fares et El-Sayed, *Natural Toxins*, n°6, 1998, p. 219-233.

3. Récepteur aminopeptidase d'une forme particulière aux lépidoptères dont la perturbation crée un échange d'électrolytes, aboutissant à la septicémie de la pyrale, larve du papillon, cible de l'insecticide.

4. Sanchis et Lereclus, *J. Soc. Biol.*, n° 193 (6), 1999, p. 523-530.

humaines, mais je n'ai jamais lu de résultats détaillés sur ce point dans les demandes de commercialisation. Ce n'est pas faute de les avoir cherchés et réclamés aux industriels. Ni d'avoir régulièrement demandé que ces dossiers soient rendus publics sur Internet. On lit par contre beaucoup que l'insecticide du maïs Bt est « réputé non toxique » – c'est l'expression consacrée…

Les animaux de ferme et les maïs Bt

Il n'existe pas de surveillance sanitaire systématique des animaux de ferme nourris aux OGM, et en particulier aux maïs transgéniques Bt, qui produisent leur insecticide. Aucune mesure assurant leur traçabilité n'a été mise en place. Or divers problèmes de santé ont été observés. En 1996, la société semencière produisant le Bt 176 a effectué des tests sur quatre vaches. L'une est morte au bout de sept jours : elle s'est, a-t-on dit, « étouffée ». En 2002, le journal agricole de l'Iowa rapportait que les truies nourries au maïs Bt présentaient des problèmes de reproduction répétitifs – ce qu'une contre-expertise menée par un universitaire a contredit. Au printemps 2001, un fermier allemand qui élevait ses vaches avec un fourrage à base de Bt 176 constata des troubles circulatoires et intestinaux chez ses animaux : cinq de ses vaches moururent la même année, sept l'année suivante. Il en informa la société semencière en question, qui ne daigna pas se déplacer. « Le paysan a ordonné plusieurs expertises, qui ont établi que "la substance reste beaucoup plus longtemps que prévu dans l'organisme" » (AFP, 18/06/2004).

• *Les effets allergisants* : ils ne sont étudiés que très sommairement, sauf si le transgène provient d'un allergène connu, comme la noix du Brésil. Ainsi le soja transgénique enrichi en acides aminés contenant un gène de ladite noix fut reconnu pour être allergisant et ne fut pas commercialisé. Sinon, on se contente de comparer la séquence de la protéine introduite avec une banque de données informatisée forcément incomplète, contenant les séquences des allergènes recensés. Si la protéine est dégradée par des enzymes des sucs digestifs, on présage qu'elle sera moins susceptible de provoquer des allergies. Tous les spécialistes s'accordent à penser que c'est loin d'être toujours vrai et que cela constitue un test très primaire. Le risque allergénique ne peut être prédit avec ce type d'études [1]. Ainsi, 44 patients se sont plaint aux États-Unis en 2000 de réactions allergiques à un maïs OGM (Starlink) contaminant illégalement la nourriture (à l'origine, il devait être destiné uniquement au bétail). On évalue le coût des problèmes liés à cette absence de principe de précaution à une somme de l'ordre du million de dollars. Parallèlement à cela, certaines études très récentes relativiseraient ce phénomène : des agriculteurs philippins auraient développé une réponse immunitaire

1. Moneret-Vautrin, *Rev. Fr. d'allergologie et d'immunologie clinique*, n° 38 (8), 1998, p. 693-699.

à l'insecticide d'un maïs Bt[1]. Cela demande bien sûr à être confirmé.

Pourquoi ne pas tester l'OGM pour sa réactivité avec les anticorps de patients connus pour être sujets à des allergies ? À l'heure où les allergies alimentaires graves (classées au sixième rang des troubles de santé publique par l'OMS), et parfois mortelles, se multiplient, pourquoi ne pas réaliser des tests cutanés ? C'est bien ainsi qu'on vérifie la sensibilité des enfants à des pollens, des poils de lapin ou de chat. On répondra encore que ce protocole n'a pas été adopté pour les importations de kiwis, de produits lointains, que l'on ne prend aucune précaution avec les fraises ou le poisson. C'est oublier que ces denrées sont facilement identifiables, ce qui n'est pas le cas des OGM de première génération, qui entrent dans la composition de nombreux produits alimentaires. De plus, la distribution alimentaire a travaillé à l'étiquetage précis des allergènes alimentaires. Rien ne peut excuser un tel aveuglement. Aujourd'hui, les spécialistes demandent à toute force un réseau d'allergo-vigilance.

• *Les gènes de résistance à des antibiotiques* : ils risquent d'induire de nouvelles résistances alors que, déjà, dans les hôpitaux, des centaines de milliers de personnes meurent ou contractent des

1. Pr. Traavik, www.gene.ch/genet/2004.

infections à cause de bactéries pathogènes que les antibiotiques courants ne parviennent plus à combattre ! Quelle idée d'avoir laissé ce type de gènes [1] dans toutes les cellules de certaines plantes alimentaires transgéniques, dont quelques-unes sont autorisées ou à nouveau en attente d'autorisation, sous prétexte qu'on peut déjà les trouver dans la nature ou qu'on utilise moins les antibiotiques en question ! Signe de la précipitation, de la facilité et du caractère brouillon et peu respectueux pour la santé humaine qui caractérisent les manières de faire de certains scientifiques ? Signe surtout du laxisme des commissions chargées des avis sur ce sujet. Lorsque les plantes se dégradent, elles laissent leur ADN dans le sol où il peut être capté par des bactéries. Par le pollen, un gène de plante peut se retrouver dans les bactéries du tube digestif des abeilles. Ce sont des transferts rares d'ADN dits transferts horizontaux.

1. En particulier : le gène Bla, de la bêta-lactamase, de résistance à l'ampicilline, dont une ou des mutations précises peuvent conférer des résistances à des antibiotiques très utilisés dans des infections graves, les céphalosporines (Courvalin, *Médecine/Sciences*, n° 13, 1997, p. 925-926 ; Roy, *ibid.*, 1997, p. 927-933) ; un gène de résistance à la kanamycine, dont une ou des mutations confère(nt) des résistances à l'amikacine, antibiotique très utilisé dans des infections broncho-pulmonaires ou des méningites, etc.

Aujourd'hui, tous les spécialistes admettent que l'on doit s'en débarrasser, y compris ceux qui sont responsables pour partie de leur autorisation. Les gènes de résistance à des antibiotiques constituent la signature d'une science mal appliquée. Dès le 5 septembre 1997, le Comité de la prévention et de la précaution (ministère de l'Environnement) avait préconisé de ne pas autoriser ce type de gènes dans les OGM. Dans ce comité siégeaient notamment le président de l'INRA de l'époque, Guy Paillotin, et le chef de l'unité des agents antibactériens de l'Institut Pasteur, Patrice Courvalin. Des bactéries résistantes aux antibiotiques sont disséminées dans l'environnement, OGM ou pas ; mais le bon sens voudrait que, dans le domaine peu prévisible et peu expérimentable des développements microbiens au sein des populations, on n'en rajoute pas… Les estimations des risques de transferts horizontaux sont très théoriques par rapport à l'infinité des conditions dans la nature. Les morts ou les amputés pour cause d'infections insensibles aux antibiotiques le sont en raison de la dissémination de ce type de gènes et de la surconsommation d'antibiotiques, phénomènes qui s'amplifient mutuellement[1]. Et lorsque ce mal-

1. La surconsommation d'antibiotiques est très préoccupante : des campagnes publicitaires commandées par les pouvoirs publics le rappellent afin de la limiter.

heur frappe un proche, on n'a cure de savoir si ces gènes existaient déjà dans le sol, la salade, des bactéries non pathogènes, ou s'ils proviennent du maïs Bt.

En l'an 2000, le Parlement européen n'a pas faite sienne cette précaution : de nombreuses expérimentations d'OGM incluent encore ces gènes de résistance à des antibiotiques, prêts à diffuser pendant de longues années.

• *Les séquences d'ADN de virus* : dans les OGM commercialisés, il y a très souvent (mais pas toujours) présence d'un promoteur du virus de la mosaïque du chou-fleur [1]. Il est là pour stimuler fortement l'activité des transgènes – les gènes étrangers, sinon, s'expriment peu. Ces séquences servent d'ailleurs à détecter les OGM par PCR, la technique la plus courante. Cette omniprésence a été critiquée par Mae Wan Ho [2], Joe Cummins, et des scientifiques réunis par l'Institute of Science in Society [3] (Angleterre), qui ont demandé un moratoire. Pour certains, cette méthode serait une source de mutations ou de recombinaisons

1. Virus appelé CaMV 35S (*Cauliflower Mosaïc Virus 35S*).

2. M.W. Ho *et al.*, *Microb. Health Dis.*, n° 11, 1999, p. 194-197. Voir aussi l'ouvrage de M.W. Ho, *Genetic Engineering, Dream or Nightmare ?*, Gateway Books, Royaume-Uni, 1998.

3. www.i-sis.org

virales[1], servant de portes d'entrée pour de nouveaux virus s'insérant dans le génome. D'autres spécialistes de la transgenèse trouvent ce point de vue alarmiste[2], et le nient. Un tel débat souligne à nouveau le manque d'expérimentations pour s'assurer de l'absence de risques : avant de les répandre sur des millions d'hectares, a-t-on soumis les plantes OGM en question à des virus végétaux, en serre, pour observer leur susceptibilité à l'infection par rapport à des plantes normales ? Non. A-t-on même sérieusement démontré leur stabilité génétique ? Pas vraiment. Il semble même qu'on ait observé le contraire.

Certains comités d'homologation ont pris le pli : ils argumentent sur le papier, protestant qu'il n'y a aucun risque, ou évitent de soulever vraiment la question, et demandent à leurs contradicteurs ou à la recherche publique d'entreprendre eux-mêmes les expérimentations pour prouver de manière non critiquable qu'il y a un problème de santé[3]. Ellipse admirable qui conduit à renverser la charge de la preuve et renvoyer ainsi la diffi-

1. Kohli *et al.*, *The Plant Journal*, 17, 6, 1999, p. 591-601.

2. Voir la polémique dans *Biofutur*, n° 201, juin 2000, p. 28-35.

3. *Ibid.*

culté et sa solution aux calendes grecques : qui va payer pour ce faire ? Démontrer l'innocuité sera pour demain.

• *Les effets non prévisibles ou l'effet Pusztaï* : le risque de mutagenèse de la céréale, du légume ou autre organisme, par insertion du transgène, amenant une modification de l'expression habituelle des gènes, est un risque qui existe, admis par tous[1]. Ce risque n'est actuellement pas évalué, si ce n'est par l'analyse grossière de l'équivalence en substance. Il ne dépend pas du transgène inséré, mais du lieu d'insertion. Un décryptage important des séquences bordantes qu'a interrompues le transgène serait informatif mais encore incomplet et cher à systématiser. Les instances d'évaluation ne le requièrent pas, et la décision de mise sur le marché est donc prise sans cette information – et sans études systématiques d'alimentarité ou de toxicité très longues[2].

Le 10 août 1998, le Dr Arpad Pusztaï, fort de quarante ans d'expérience et de 275 publications, s'exprimait en ces termes à la télévision britannique : « Il est injuste de faire tenir à nos compa-

1. Pascal et Collet-Ribbing, *Lettre Bio CNRS*, n° 70, 1997, p. 28-30.

2. Les nouvelles caractérisations dites de « protéomique », ou du « métabolome », développées par quelques groupes de recherche, le permettraient sans doute assez bien. Elles ont seulement été préconisées par certains.

triotes le rôle de cobayes[1]. » Il travaillait alors au prestigieux Rowett Research Institute d'Aberdeen en Écosse, financé surtout par des fonds publics[2], et venait tout juste de mettre en évidence que des pommes de terre expérimentales transgéniques (qui produisent une protéine[3] issue d'un banal perce-neige aux propriétés insecticides) provoquent des effets tout à fait inattendus. Durant cent dix jours, il a fait consommer ces végétaux par des rats, qu'il a comparés à des rats témoins, nourris avec des pommes de terre normales contenant la même dose d'insecticide, mais ajoutée chimiquement. La croissance, l'immunité (la réactivité des lymphocytes avait diminué de moitié), et même le cerveau des rongeurs d'OGM ont été gravement perturbés. L'expérimentation du Dr Pusztaï n'était pas terminée que déjà les médias sortaient l'information du laboratoire… comme ils l'ont fait pour nombre d'essais cliniques réussis de thérapie génique. Diabolisé[4], vilipendé pour ses propos alarmistes, jugés hâtifs puis malhonnêtes, l'homme perdit son contrat

1. H. Gavaghan, *Biofutur*, n° 191, juillet-août 1999, p. 38-40.
2. F. Nodé-Langlois, *Le Figaro*, 11 août 1998.
3. *Galanthus nivalis agglutinine* ou GNA.
4. *Biofutur*, n° 191, *op. cit.*

de recherche et sa réputation scientifique. Un scandale médiatique et politique.

À moins de considérer Arpad Pusztaï comme un homme suicidaire, on se dit qu'il serait intéressant que plusieurs groupes indépendants reprennent l'expérimentation qu'il n'a pas pu achever. La publication de ses travaux – on a critiqué l'équilibre nutritionnel de ce régime – montre qu'il ne pouvait avoir tort sur toute la ligne. Avant ce tohubohu, il était jugé comme un spécialiste reconnu des protéines insecticides ou lectines, de la nutrition des mammifères, et, comble de l'ironie, comme un scientifique favorable aux OGM. Cette affaire aura concouru au remaniement des instances de contrôle des OGM au Royaume-Uni, exemple frappant des effets inattendus d'une modification génétique, dans tous les sens du terme !

En mémoire de cette affaire, je propose de nommer le risque imprévisible des OGM dû à la mutagenèse insertionnelle l'effet Pusztaï !

OGM, environnement et biodiversité

Cet aspect nécessiterait un ouvrage à lui seul. Les OGM d'aujourd'hui affectent la biodiversité de deux manières : avant tout par l'industrialisation plus intensive de l'agriculture. Les pratiques préconisées sur les premières générations d'OGM (mode d'épandage particulier d'un désherbant, utilisation et action forcément plus massive de celui-ci par rapport aux autres, insecticide produit tout au long de la vie de la plante) sont conçues pour favoriser les cultures à l'américaine sur d'immenses surfaces, plutôt que des exploitations de taille petite ou moyenne qui auront à gérer la contamination des semences par les OGM, la diffusion vers les champs voisins, et à ménager des zones refuges non transgéniques en bordure de champ afin que les insectes ne deviennent pas immédiatement résistants. Les ravages d'insectes, l'érosion des sols, les difficultés de désherbage augmentent avec la surface des cultures, et les OGM s'avèrent bien moins nécessaires en Europe pour ces raisons. En France, pour l'année 1998, la surface cultivée en maïs Bt sur différentes parcelles correspondait à deux ou trois grandes fermes américaines (2 000 ha) ! Dans un avis de 1997, le Comité de la prévention et de la précaution a littéralement souligné en première conclusion la phrase suivante : « L'introduction des plantes transgéniques va modifier et augmenter l'industrialisation des pratiques agricoles et donc contribuer à la transformation des écosystèmes [1]. » Il s'agit donc d'abord et avant tout d'un choix de

1. Avis du 5 septembre 1997 au ministère de l'Environnement.

politique agricole qui doit dire son nom dans le débat public.

La culture intensive des OGM risque d'affecter la biodiversité par l'agressivité des caractères compétitifs qu'ils expriment vis-à-vis de la flore et de la faune (tolérance aux herbicides, production d'insecticides, voire pour les plus mineurs résistance aux virus, aux champignons…). Plus un organisme acquiert un caractère qui lui confère un avantage biologique sur ses congénères, plus il diffuse ses gènes dans l'environnement, gènes qui seront ainsi sélectionnés. L'algue folle *Caulerpa taxifolia* constitue un exemple frappant. Venue des Tropiques et adaptée en laboratoire aux eaux plus froides de la Méditerranée, elle a naturellement muté ; relâchée par négligence, elle s'y est considérablement développée au détriment de la flore et des poissons. Une étude publiée dans la grande revue scientifique *PNAS*[1] conclut qu'un transgène introduit dans une population de poissons par le biais de quelques individus (ex. : gène de résistance au froid ou de croissance accélérée) pourrait se diffuser à toute la population, et éradiquer en quelques générations la population non transgénique. La Chine a proposé le 22 mai 2000[2] que les

1. *Proceedings of the National Academy of Sciences*, 23 novembre 1999.

2. H. Kempf, *Le Monde*, 28-29 mai 2000.

OGM soient inclus dans la prise en compte du problème des espèces envahissantes lors de la Convention sur la biodiversité. De même le protocole international sur la biosécurité aborde ces points. Peut-être aboutira-t-il à ce que les pays signataires puissent effectivement contrôler, et s'il le faut limiter, les entrées d'OGM vivants sur leur territoire dans quelques années, et cela malgré l'OMC.

Il faudra dans un second temps comparer aux dégâts actuels d'une certaine agriculture polluante à pesticides les effets du maïs transgénique : transfert de gènes aux bactéries des abeilles [1], toxicité du pollen de certains OGM tuant les papillons monarques [2], modification de la flore microbienne du sol [3], conséquence de la sécrétion importante et durable d'insecticide par les racines. Une expérimentation britannique effectuée à grande échelle

1. Pr. Kaatz, Institut de recherche sur les abeilles, université d'Iéna (Allemagne), communication publique, 21 mai 2000.

2. Losey *et al.*, *Nature*, n° 399, 6733, 1999, p. 214. Vrai pour le Bt 176, apparemment pas pour le maïs Bt Mon 810. Chaque construction génétique a ses caractéristiques propres et produit plus ou moins d'insecticide dans le pollen.

3. Travaux de l'Institut des sciences végétales du CNRS, Gif-sur-Yvette, Oger, Petit, Dessaux *et al.*, *Le Monde*, 7 janvier 1998.

a révélé en octobre 2003 que les cultures transgéniques, en raison de l'usage généralisé des désherbants qu'elles exigent, favorisent entre autres choses la diminution des populations des abeilles, papillons et oiseaux.

Comme le souligne Suzanne Warwick[1], membre d'un centre de recherche du ministère de l'Agriculture canadien, les OGM actuels auront des effets directs sur l'environnement qui sont au moins de trois ordres :

– l'hybridation avec introgression * du transgène dans une espèce sauvage apparentée (environ 20 % des espèces cultivées ont des parents sauvages à caractère apparenté dans le voisinage) ; cela a conduit l'Europe à adopter un moratoire pour études approfondies (pour le colza, la betterave) qui, en 2004, n'a toujours pas été levé. « L'avoine cultivée ne diffère de sa cousine sauvage, la folle-avoine, que par un seul gène, ou complexe de gènes fortement liés. Nous devons donc admettre que le transfert d'un gène unique ou de quelques gènes (c'est le cas de la transgenèse) peut suffire à transformer une plante cultivée en mauvaise herbe[2]. » Les variétés originelles du maïs que l'on trouvait au Mexique

1. S. Warwick, *Pour la science*, hors-série, janvier 2000, p. 128-132.
2. *Ibid.*

ont ainsi été contaminées par des OGM. Au Royaume-Uni, il a été montré qu'un colza génétiquement modifié a contaminé d'autres variétés de colza, qui étaient pourtant plantées à 26 km de distance.

– certaines plantes transgéniques pourront proliférer et devenir des « mauvaises herbes », les adventices. Les plantes domestiquées (colza, tournesol, luzerne…) ne perdent pas cette capacité.

– l'émergence ou la multiplication d'adventices résistantes aux herbicides totaux, naturellement sélectionnées par la modification des pratiques agricoles (épandage direct des désherbants sur les cultures), sans qu'il y ait nécessairement hybridation avec les OGM. Ce phénomène est observé aux États-Unis depuis 2000.

Il y aura aussi de plus en plus d'effets indirects : la consommation des herbicides totaux augmente naturellement avec le développement des surfaces cultivées en OGM tolérants. La gestion des repousses et des plantes rendues résistantes avec ou sans hybridation d'OGM devra être gérée au moyen d'autres herbicides. Ces activités de désherbage sur les voies ferrées, les bords de route, dans les jardins consomment parfois plus d'herbicides que les cultures, du fait de leur étendue. Les résistances se développent encore plus vite chez les insectes avec les méthodes monogéniques de production d'insecticide par la plante : de nouveaux prédateurs prennent la place des anciens, et l'insecticide sécrété par l'OGM peut se révéler alors inefficace[1]. Les économies d'insecticides deviendront vite nulles, ou pis, les épandages devront augmenter. Il a été rapporté en séminaire spécial de la CGB qu'aucune baisse de consommation d'insecticides n'avait été notable jusqu'en 2000 aux États-Unis depuis l'introduction des OGM ; il s'agit du premier producteur du monde. En revanche, au Canada, deuxième pays producteur, les ventes d'insecticides ont baissé, sans doute, mais de manière non reliée, parce que le pays s'oriente beaucoup vers l'utilisation d'OGM tolérant un herbicide. Du coup, des colzas triple résistants y ont été observés en Alberta du Nord.

La vente des herbicides (qui représentent 85 % des pesticides commercialisés) a, quant à elle, considérablement augmenté en cinq ans : 41 %[2] de plus pour le colza et le désherbage du blé, parallèlement à l'introduction des OGM. On note également une hausse de la vente des fongicides.

1. Comme sur la deuxième génération de pyrales dans la saison chaude, avec le maïs OGM Bt 176, dans le sud-ouest de la France en particulier.

2. Statistiques de l'Institut canadien de protection des cultures, www.cropro.org/sales/sales97.htm.

La mauvaise image de marque des OGM a conduit les industries à développer des plantes résistant à de nouveaux herbicides et non déclarées comme OGM[1]. Mais, à terme, les risques seront reconduits avec ce type de plantes, étant donné la toxicité de ces herbicides.

1. Variétés de maïs tolérants aux imidazolinones, *Pioneer, Agrodistribution*, sept. 1999, p. 54.

CONCLUSION

Nous voici à l'issue de ce voyage en transgénie, à la recherche des vrais enjeux et des risques réels, un voyage qui nous a contraints à traverser une forêt d'intérêts économiques croisés. Aujourd'hui, c'est une étrange figure qui s'impose, celle d'un mammouth OGM non rentable à court terme. La bête a deux pieds d'argile : le manque de clarté de l'étiquetage au niveau mondial, surtout dans les pays producteurs, et le manque de contrôles sanitaires sur les mammifères ; et deux pieds de béton : les brevets sur le vivant et l'OMC qui oblige les pays à importer selon les critères des fournisseurs presque sans sourciller. Le commerce est malheureusement trop souvent la base fondamentale des accords internationaux. Une technologie chère, faiseuse de pesticides et de plantes à pesticides, brevetant les semences, seraitelle particulièrement adaptée pour nourrir la planète ? Heureusement, le protocole international sur la biosécurité permet aujourd'hui aux différents pays signataires d'avoir le choix entre les différentes variétés.

La complexité du fonctionnement en réseaux des gènes, leurs régulations subtiles aux effets parfois inattendus, la structure méconnue des génomes, tout cela devrait nous inciter à l'humilité scientifique. Voire à marquer le pas, car la biologie moléculaire n'est pas une science exacte ni « dure ».

Quant à l'indépendance des experts, ses fondations sont bien fragiles : la collusion entre les experts de multinationales et ceux responsables de la réglementation barre la route à une pensée critique. Celle-ci risque même de s'étioler chez les chercheurs, constamment encouragés par l'État à collaborer davantage avec l'industrie. Pourquoi ne formaliserions-nous pas avec exactitude la fonction d'expert, ainsi que l'expertise contradictoire ? Pourquoi ne mettrions-nous pas en place un serment d'Hippocrate adapté aux chercheurs en sciences de la vie, et un conseil de l'ordre des biologistes qui clarifierait les objectifs et veillerait au respect de l'éthique ?

Qu'une infime minorité de scientifiques ait accès aux dossiers confidentiels d'évaluation des OGM n'est plus admissible. De plus, les OGM actuels comportent une série de graves handicaps qui ne sont pas inhérents à la science, à la biologie moléculaire, loin de là :

1. les OGM diffusés dans l'environnement restent, après plus de vingt ans d'expérimentations, à 99 % des plantes produisant ou tolérant des pesticides. Il s'agit de fait d'une agriculture non durable ;

2. l'industrialisation de cette agriculture rendue dépendante de quantités importantes de pesticides à moyen et long terme ;

3. la prise de brevets sur les OGM : c'est cet artifice qui permet d'imposer les OGM, et non la loi du marché ;

4. le manque de valeur ajoutée pour l'utilisateur final ou le consommateur, qui a un désir légitime d'information, et devra de toute façon en assumer les conséquences ;

5. le manque de traçabilité du fait des importations mélangées ; l'Europe s'attache progressivement à résoudre ce problème, mais les quarante pays qui la suivent ne sont pas tous aussi stricts, et encore moins le continent américain, où la production d'OGM est très importante ;

6. l'absence d'étiquetage sûr et bien visible dans le monde ;

7. les contaminations systématiques dues aux difficultés énormes de séparation des filières ; le manque de filières OGM ;

8. les complications de gestion liées aux cultures OGM (zones refuges, mémoire de l'utilisation sur le champ des semences et des herbicides…) ;

9. le manque crucial et organisé de tests prouvant la sécurité sanitaire des OGM chez les mammifères ;

10. la négligence des impacts environnementaux, due en partie à la méconnaissance des écosystèmes et à des sociétés qui ne pensent l'avenir qu'à court terme.

Tous ces faits ne pouvaient que conduire naturellement et de manière justifiée à un rejet des OGM. Cet ouvrage se veut un plaidoyer afin qu'il y ait beaucoup plus de science et de contre-expertise multidisciplinaire dans la conception et l'évaluation des OGM. Aujourd'hui, les méthodes réductrices de génie génétique, de toxicologie et d'estimation de l'impact environnemental servent trop les intérêts de certains et pas assez ceux de la collectivité. Une fois les sols épuisés, que nous proposera-t-on ? Des protéines de maïs et de soja produites par des bactéries transgéniques en incubateurs géants, auxquelles peu d'entre nous auront accès ?

La biologie moléculaire possède des outils majeurs. Mais pour préserver la santé des hommes et leur environnement, c'est la biodiversité et la démocratie qu'il faut apprendre à respecter, et l'honnêteté à promouvoir. En fait, la biosphère et l'humanité.

ANNEXES

HISTOIRE DES OGM

1869 : Friedrich Miesher purifie l'ADN, alors appelé nucléine.

1928 : Fred Griffith obtient sans le vouloir ni l'expliquer vraiment le premier OGM expérimental : des pneumocoques morts et des pneumocoques vivants (non virulents) sont co-injectés à des souris, et l'ADN de pneumocoque mort transmet sa virulence aux pneumocoques vivants.

1944 : en transférant de l'ADN à des bactéries, Avery découvre que l'ADN est le vecteur des caractères héréditaires. Des contestations se manifesteront dans la communauté scientifique jusqu'à ce que l'on comprenne, après la Seconde Guerre mondiale, la structure de l'ADN.

1953 : découverte de la structure de l'ADN et, quelques semaines plus tard, explication simple de la manière dont l'ADN peut porter et transmettre l'hérédité, par Watson et Crick. Cela sera important dans la future conception des OGM.

1961-1965 : déchiffrage du code génétique.

1968 : Arber et d'autres commencent à purifier et caractériser à partir des bactéries les enzymes servant à manipuler l'ADN (le couper d'abord ; d'autres enzymes suivront pour recoller, reproduire, modifier…).

1972 : expérience fondatrice du génie génétique dirigé avec l'obtention du premier OGM volontaire pour laboratoire par l'équipe de Paul Berg en Californie. Il s'agit alors de la combinaison de gènes bactériens et de virus de singe dans un micro-organisme.

1973 : des scientifiques réunis en colloque expriment la nécessité de règles strictes pour la manipulation des molécules d'ADN hybrides, par peur de voir se disséminer les « gènes du cancer » (oncogènes).

1974 : Paul Berg lui-même appelle à un moratoire de précaution, au moins partiel, et à l'édiction de conditions strictes pour les manipulations des OGM en laboratoire.

1975 : du 24 au 27 février, à la conférence restée célèbre d'Asilomar, en Californie, une journée est consacrée aux dangers liés à ces expériences. Des mesures de confinement des micro-organismes transgéniques dans les laboratoires sont recommandées, puis deviennent obligatoires. Elles sont aujourd'hui strictes.

On enseigne aux étudiants comment respecter ces mesures, avant même l'entrée en thèse, dans ce qu'on appelle les stages d'« hygiène et sécurité ». Cet enseignement est assuré par les écoles doctorales universitaires, au cours du master de sciences, lorsque l'élève ingénieur commence ses recherches. Il y a au moins un responsable « hygiène et sécurité » par laboratoire ; les autorisations de manipuler ces organismes sont nominatives. Ainsi, ce moratoire a été d'une utilité essentielle au développement sécuritaire des biotechnologies.

1977 : lecture détaillée possible des séquences d'ADN grâce au séquençage (techniques de Maxam et Gilbert, ou Sanger).

1978 : production d'insuline recombinante par bactérie génétiquement modifiée, en laboratoire.

1979 : production d'hormone de croissance par la même méthode.

1980 : production d'interféron actif.

L'OCDE *, la FAO *, l'OMS, la FDA et les industriels commencent sérieusement à réfléchir aux futures règles d'évaluation des OGM et au principe d'équivalence en substance qui évitera de systématiser les tests de toxicité à moyen et long terme.

Les mouvements de contestation s'organisent, invoquant les risques de dissémination des OGM dans l'environnement, notamment en Californie.

1983 : élaboration de la première plante transgénique, un tabac, par une équipe européenne dirigée par Schell et Van Montagu à Gand (Belgique). Le tabac sert de modèle en génétique végétale depuis longtemps, et le moteur économique lié à l'industrie du tabac aide beaucoup la recherche.

Kary Mullis imagine la technique de PCR qui sert à reproduire l'ADN en éprouvette des milliards de fois en quelques heures, ce qui donne rapidement les quantités suffisantes pour l'identifier, le manipuler.

1986 : sur le Vieux Continent, les expérimentations en champ d'OGM débutent et les réglementations se mettent en place.

1988 : commercialisation auprès des laboratoires du premier mammifère breveté transgénique, la souris « Oncomouse », pour étudier le cancer, obtenue par l'université américaine d'Harvard et vendue par Du Pont de Nemours.

1992 : première mise sur le marché d'un vaccin transgénique en Europe : un vaccin contre la rage.

1994 : premier OGM commercialisé en Europe pour la production de semences, un tabac tolérant un herbicide (Seita).

Les OGM cotons, courges et tomates sont déclarés aux autorités des États-Unis et plantés à grande échelle les deux années suivantes. Maïs, soja, colza et pomme de terre seront cultivés dans un deuxième temps en Amérique du Nord et du Sud, en Argentine surtout.

1996 : en mai, la firme Calgene commercialise le premier OGM à manger frais aux États-Unis : une tomate. Et pour travailler la future image de marque de ces nouveaux produits, c'est un caractère intéressant le consommateur qui est introduit : la résistance au vieillissement.

– Les brebis triplées Polly I, II, et III, transgéniques, voient le jour entre 1996 et 1997. Ces ruminants possèdent un gène humain qui leur permet de produire un lait contenant une protéine humaine dite Facteur IX, importante pour la coagulation sanguine, et qui pourra soigner certaines hémophilies.

– Des OGM colza et chicorée mâles stériles et soja (pour l'importation et la transformation alimentaire) sont autorisés en Europe. Sous l'impulsion d'Axel Kahn, alors président de la Commission du génie biomoléculaire (CGB), qui deviendra peu après sa démission directeur scientifique adjoint pour les sciences de la vie chez Rhône-Poulenc, la France prend la tête des expérimentations d'OGM dans l'environnement, avec plus de 450 autorisations de tests d'OGM agricoles de 1986 à 1996, sur plus de 3 000 sites géographiques différents. La commission s'est prononcée à l'unanimité pour – et demandera à l'Europe – la commercialisation des premiers maïs transgéniques testés pendant cette période, avec gène d'insecticide tronqué Bt, gène de résistance à un antibiotique, gène de tolérance au glufosinate (Basta) comme deuxième marqueur, et plasmide associé. Axel Kahn appuiera la demande auprès de la Commission européenne et dans les journaux. L'un des plus mauvais services rendus à l'image de marque des OGM, avec leur arrivée sans étiquetage, qu'il défendra aussi.

– Le soja transgénique au Roundup Monsanto arrive en Europe, importé des États-Unis, mélangé aux cultures conventionnelles et non étiqueté – ce qu'a rendu possible la réglementation en vigueur à cause du principe de l'équivalence en substance. Premières réactions médiatiques et sociales. Greenpeace arrête les bateaux transportant du soja OGM. On se rendra compte en 2000 que sa construction génétique n'avait pas bien été étudiée.

– Jean-Marie Pelt, président de l'Institut européen d'écologie, et Étienne Vernet d'Écoropa demandent un moratoire sur les OGM. Corinne Lepage, alors ministre de l'Environnement, fera beaucoup pour que la France s'oppose au moins momentanément à la commercialisation du maïs transgénique, et y parviendra.

1997 : publication collective du texte demandant un moratoire et plus de recherches avant la commercialisation des produits transgéniques – participation initiale de plus de cent vingt scientifiques (dont l'auteur, un des rédacteurs) et médecins, surtout européens et français (*Génie génétique, des chercheurs citoyens s'expriment*, éd. Le Sang de la Terre, Écoropa). Après soumission de la demande de mise sur le marché du maïs transgénique, beaucoup de pays européens font part de leur questionnement à la Commission européenne. En même temps, le gouvernement français décrète un premier moratoire sur la culture du colza, de la betterave et de la chicorée… les espèces qui risquent de se disséminer. L'Europe ne suivra pas immédiatement ce moratoire. La société Carrefour et divers distributeurs préparent des filières sans OGM pour laisser le choix au consommateur.

– Pour la première fois en Europe, un maïs OGM Bt produisant un insecticide, de Novartis, est commercialisé pour la culture et la consommation, sans restriction. Des œillets OGM sont cultivés en serre pour la vente de fleurs coupées.

– En juin, un syndicat agricole, la Confédération paysanne européenne, pour se faire une opinion, organise un débat contradictoire de scientifiques, en traduction simultanée, pour les représentants de différents pays, à Glay, à la frontière franco-suisse (l'auteur et Philippe Gay, de Novartis, sont présents). Le syndicat prend collectivement la décision de lutter contre les OGM. Peu après, les premiers fauchages de colzas transgéniques sont organisés en signe de protestation.

1998 : en janvier, la Confédération paysanne va arroser des semences de maïs OGM pour les rendre invendables, à Nérac, au siège de la compagnie Novartis. Les fauchages de champs d'OGM continueront et entraîneront par la suite l'emprisonnement de ses représentants, dont José Bové.

– Maïs et colza tolérant un herbicide sont autorisés en Europe, mais peu cultivés ; il s'agit d'un moratoire de fait qui démarre, surtout pour le colza. Le Conseil d'État suspend en France la commercialisation des trois premières variétés de maïs OGM autorisées, à la demande de Greenpeace et d'Écoropa, association défendue par l'ancien ministre et avocate C. Lepage. D'autres variétés de maïs OGM sont inscrites en août au catalogue officiel.

1999 : 40 millions d'hectares d'OGM cultivés commercialement ont été développés dans le monde, essentiellement soja, maïs, colza, et coton, à 99 % des plantes à pesticides, c'est-à-dire produisant un insecticide ou pouvant absorber un désherbant sans mourir. Les OGM disséminés volontairement dans l'environnement sont essentiellement des plantes, leur but est l'agriculture intensive pour la base de l'alimentation du bétail et des hommes, un peu le textile. Les instances européennes jugent plusieurs dossiers de demande de commercialisation incomplets, notamment parce que la traçabilité des OGM n'est pas garantie. Elles refusent l'autorisation de commercialisation et rendent obligatoires leur reconnaissance et leur étiquetage.

2000 : première réduction légère de certaines plantations d'OGM cultivées aux États-Unis à cause des réactions sociales, sous-tendues par des réactions scientifiques, agricoles, écologistes. Une tendance mondiale en faveur de l'étiquetage se dessine nettement que l'Europe promeut (premiers règlements) ; la réglementation et les principes d'évaluation sont en passe de changer pour plus de quarante pays. Les réactions sociales sont fortes partout dans le monde, y compris aux États-Unis, au Canada et en Argentine, les gros pays producteurs. Mais les cultures d'OGM continuent de se développer, essentiellement sur le continent américain.

Jusqu'à cette date, on n'avait la séquence génétique complète d'aucune plante supérieure, génétiquement modifiée ou non. Grande première : l'ADN du modèle pour biologistes des végétaux, *Arabidopsis thaliana*, est séquencé.

Plusieurs clones humains, qui possèdent aussi des gènes de vache, sont obtenus par la compagnie Advanced Cell Technology et détruits au stade de 400 cellules, au bout de douze jours (juin). Les chercheurs ont prélevé des noyaux de cellule de jambe d'homme et les ont placés dans des ovules de vache, desquelles on avait préalablement retiré le noyau. Un peu d'ADN bovin a subsisté dans les mitochondries (les usines à énergie de la cellule).

2001 : dans le New Jersey (États-Unis), trente bébés dont les embryons ont été génétiquement manipulés, naissent avec des mitochondries venant d'une seconde mère, pour pallier une déficience génétique. Mais aucun gène artificiel n'est introduit.

Publication de la directive 2001/18/CEE pour l'évaluation des OGM disséminés dans l'environnement.

2003 : ratification du protocole international sur la biosécurité, dit protocole de Carthagène, contrôlant les échanges d'organismes génétiquement modifiés vivants. En Europe, les cultures d'OGM ne représentent que 0,01 % des surfaces cultivées, plusieurs centaines de fois moins que l'agriculture biologique. Dans le monde, elles couvrent près de 70 millions d'hectares, dont 94 % sont situés sur le continent américain. Le président américain G. W. Bush porte plainte auprès de l'OMC contre l'Europe à propos du moratoire sur les OGM.

2004 : Entrée en vigueur de nouveaux règlements européens plus stricts sur l'étiquetage et la traçabilité des OGM, y compris pour l'alimentation animale. La Commission européenne – à qui il revient de prendre une décision parce qu'aucune majorité pour ou contre ne s'est dégagée à l'issue du vote des ministres de l'agriculture puis de l'environnement – autorise l'importation pour la consommation humaine d'un maïs Bt 11, levant le moratoire de fait. Percy Schmeiser, agriculteur canadien, perd le procès qu'il avait intenté en appel contre Monsanto et lors duquel il avait remis en question le principe des brevets sur le vivant. La firme Monsanto annonce qu'elle renonce au blé transgénique.

GLOSSAIRE

ADN : acide désoxyribonucléique, molécule constituant notre génome, formée d'une séquence de bases chimiques Adénine (A), Guanine (G), Thymine (T), Cytosine (C), se faisant face deux à deux (A-T et G-C) comme des barreaux d'une échelle torsadée en double hélice, dont les montants sont de sucres (désoxyriboses) et de phosphates, en alternance.

Adduits : molécules, tels des polluants, comme des hydrocarbures polycycliques aromatiques provenant des gaz de voiture, ou des dioxines issues des résidus d'incinérateurs. Elles forment des liaisons fortes (dites covalentes), notamment à l'ADN, favorisant les mutations. Les adduits se mesurent grâce à des méthodes dites de postmarquage au phosphore 32, révélant les composés anormaux liés à l'ADN de nos cellules.

Adjuvants (d'un pesticide) : composés aidant la pénétration dans les cellules du principe actif du pesticide, et le stabilisant ; ce sont des détergents et solvants de différentes natures, dont la fabrication est généralement tenue secrète, qui peuvent totaliser selon les formulations 15 à 85 % du produit, et amplifier son effet.

Adventice : les adventices sont les pousses gênantes, dans le champ de l'agriculteur, par le travail d'arrachage ou d'épandage d'herbicide qu'elles lui donnent, la limitation de production qu'elles engendrent.

Alicament : concept de l'aliment artificiel utilisé comme médicament pour suppléer à une carence ou apporter un complément nutritionnel.

Amorces : en ce qui concerne l'ADN, petits brins simples (une demi-échelle coupée en longueur) de dix à vingt bases, servant à détecter d'autres séquences complémentaires de même longueur qui peuvent être dans des transgènes – aux extrémités du fragment à amplifier –, parce qu'ils s'y associent (on dit qu'ils s'y hybrident), et servent à les multiplier grâce aux enzymes ADN polymérases.

ARN : acide ribonucléique, copie de travail de l'ADN pour la cellule, fait des bases chimiques de l'ADN à l'exception de T remplacé par l'Uracile (U), et quelques autres, rares. Une classe (II) de ces ARN sera le code pour la formation des protéines, les ARN messagers, les autres entreront dans la machinerie cellulaire de fabrication des protéines (ARN ribosomiques – classe I – et de transfert – classe III, ainsi que les ARN guides).

Bases : en génétique, molécules ou bases chimiques constituant l'ADN et l'ARN : les principales sont A, G pour les bases dites puriques, et C, T, et U pour les bases appelées pyrimidiques. Il existe quelques autres bases rares, surtout dans l'ARN.

Basta : un des principaux herbicides totaux du monde (ou désherbants) utilisé avec les OGM, commercialisé par la compagnie Agrevo. Il est à base de glufosinate ammonium, comme le Liberty, et contient d'autres adjuvants secrets, ou les mêmes dilués différemment. Il est connu pour ressembler à l'acide glutamique, ayant des effets de neurotransmetteur, et doit donc être soigneusement évalué à ce niveau ; des toxicités sur le cerveau des embryons ont été publiées. Comme le Roundup, il perturbe notamment le métabolisme des acides aminés chez les plantes, mais aussi la détoxification ammoniacale.

Biocarburant : carburant produit à partir de matériaux biologiques.

Biodynamique (agriculture) : ce plus ancien courant de l'agriculture biologique a pour spécificité l'utilisation de préparations d'origine minérale ou organique pulvérisées sur les cultures à des doses infinitésimales, en accord avec les cycles de la Lune et des planètes. Voir le Guide Hachette du Bio (2000).

Biotechnologies : technologies qui consistent à utiliser des cellules ou organismes vivants, à manipuler de l'ADN et de l'ARN.

CGB : Commission du génie biomoléculaire : instance française d'évaluation des risques sur la santé et l'environnement présentés par les OGM disséminés. Voir site Internet du ministère de l'Agriculture et de la Pêche (bibliographie).

Chloroplaste : les chloroplastes sont des restes d'anciennes bactéries aujourd'hui symbiosées dans les cellules de plantes et qui ont pour fonction d'assurer la photosynthèse avec le noyau de la cellule. Ces organites ont leur propre ADN, dit chloroplastique.

Chromosome : ensemble d'ADN et de protéines, très organisé et compressé dans le noyau des cellules. Une espèce est caractérisée par le nombre, la taille et la composition de ses chromosomes. Le patrimoine génétique chez l'homme se divise en 46 chromosomes (23 paires).

Désherbant : pesticide qui peut être assimilé à un herbicide total.

Écosystème : communauté d'espèces dans leur environnement.

EFSA : European Food Safety Authority – Autorité européenne de sécurité alimentaire.

Enzyme : protéine ayant une activité catalytique pour accélérer considérablement une réaction chimique, dans la pratique la permettre dans la cellule ou le tube à essai : par exemple, synthétiser de l'ADN, le couper, le recoller, former une hormone, ou au contraire dégrader une molécule.

ESB : encéphalopathie spongiforme bovine, ou maladie neurodégénérative dite de la vache folle.

Eucaryote : organisme vivant constitué de cellules à ADN long, enroulé dans un noyau. Les levures, constituées d'une seule cellule à noyau, sont aussi classées dans les eucaryotes.

Exon : fragment de gène qui sera transcrit en ARN, par exemple en fragment d'ARN messager, codant pour une partie de protéine. Un gène est formé par un nombre variable d'exons de différentes longueurs, qui peuvent être entrecoupés par des introns, parfois une dizaine ou plus.

FAO : Food and Agriculture Organization.

FDA : Food and Drug Administration, États-Unis.

Gène : séquence d'ADN (voir fig. 1, p. 28) comprise comme un message par la cellule, pour fabriquer une molécule d'ARN, puis une protéine. Un gène d'organisme supérieur est morcelé en introns et exons qui se succèdent alternativement, il commence par un promoteur. La longueur d'un gène est très variable, de quelques centaines à plusieurs dizaines de milliers de paires de bases, environ 2 000 en moyenne chez l'homme.

Génome : patrimoine génétique, comprenant l'ensemble des gènes, et par extension de l'ADN non organisé en gènes, qui en constitue d'ailleurs l'essentiel chez les organismes complexes (95 % environ chez l'homme).

GEVES : Groupe d'étude et de contrôle des variétés et des semences, organisme mixte auquel participent les industriels et l'INRA.

Herbicide : composé chimique, pesticide constitué d'un principe actif et d'adjuvants, destiné à tuer certaines espèces de plantes. On dit alors qu'il est sélectif ou spécifique. Les fabricants obtiennent différentes formulations en faisant varier la concentration du principe actif et les adjuvants.

Herbicide total : herbicide peu ou pas sélectif, à spectre d'action large, destiné à tuer tous les types de mauvaises herbes.

INRA : Institut national de la recherche agronomique, organisme de recherche français, travaillant aussi en recherche appliquée.

Introgression : intrusion dans le patrimoine génétique d'une espèce.

Intron : fragment de gène de taille variable qui sera transcrit en ARN dans un premier temps, puis reconnu et enlevé au cours du processus de maturation, de formation de l'ARN messager. Séquence ne codant pas pour des parties de protéines.

Liberty : voir « Basta ».

Ligase : enzyme de ligation ou de collage de l'ADN, utilisée pour associer deux fragments complémentaires.

Malherbologie : science de l'étude des mauvaises herbes, de l'hybridation des espèces cultivées avec les espèces sauvages.

Métaboliser : pour un organisme, transformer chimiquement un composé, ce qui provoque, selon le type de métabolisme, l'excrétion, l'accumulation ou la synthèse pour utilisation de nouveaux produits.

Métabolites : produits de transformation, c'est-à-dire du métabolisme d'une substance. Résidus organiques.

Monocotylédones : plantes angiospermes dont la graine contient une plantule à un seul cotylédon (ex. : maïs).

Multigénique : caractère multigénique, complexe, dépendant de plusieurs ou de nombreux gènes, comme l'expression d'une fonction physiologique.

Mutagenèse : genèse des mutations qui touchent l'ADN. Elles sont provoquées expérimentalement, ou par des mutagènes. Les mutagènes sont des substances induisant des mutations sur l'ADN, qui peuvent conduire à des maladies génétiques, surtout dans la descendance ; lorsque ces mutations interviennent chez l'individu, notamment sur des oncogènes et des gènes suppresseurs de tumeurs, régulant le cycle cellulaire, elles peuvent conduire aux cancers. Voir « Adduits », « Xénobiotiques ». La mutagénèse dirigée n'est pas provoquée par des mutagènes mais par des amorces d'ADN synthétisées avec la mutation choisie. Voir « PCR ».

Neurotoxique : toxique pour les neurones, le système nerveux.

Neurotransmetteur : molécule servant dans l'organisme à la transmission de l'influx nerveux, entre les cellules nerveuses.

OCDE : Organisation de coopération et de développement économiques.

OGM : organisme génétiquement modifié. Selon la réglementation européenne (d'abord dans la directive 90/220), et aujourd'hui mondiale, un OGM est toute entité biologique capable de se reproduire ou de transférer (comme les virus) du matériel génétique, ce dernier ayant été modifié « d'une manière qui ne s'effectue pas naturellement par multiplication et/ou par recombinaison naturelle ». Par exemple, il est spécifié que ne seront pas considérés comme OGM les organismes issus de fécondation in vitro, de conjugaison, transduction ou transformation – ces trois derniers cas étant des processus d'échanges d'ADN naturels chez les bactéries – à condition que l'ADN formé ne soit pas recombiné, c'est-à-dire artificiellement hybride, synthétique dans le sens où il est produit par la synthèse du manipulateur. De même, l'induction de polyploïdie (phénomène provoquant généralement un surnombre de chromosomes dans une cellule, par la multiplication ou la non-séparation de ceux-ci dans un noyau), comme on le fait chez des huîtres, ne sera pas une modification génétique entrant sous le coup de cette directive, qui a d'ailleurs été remplacée par la 2001/18. Les Européens réglementent ainsi spécifiquement les OGM, au contraire des Américains qui les considèrent comme des aliments au même titre que les autres, sans les étiqueter. Un OGM commercialisé comprend en général plusieurs transgènes chimériques, voire des séquences de plasmide. On pourrait aussi, en retirant un gène d'un organisme, créer un OGM.

OMC : Organisation mondiale du commerce.

OMS : Organisation mondiale de la santé.

Oncogène : gène responsable du développement cellulaire ; sa mutation ou le dérèglement de son expression peut conduire au cancer. Il y a de nombreux oncogènes. Certains cancers ont comme signe marqueur un oncogène muté.

OPHA : Ontario Public Health Association, association de santé publique en Ontario.

Organisme évolué : organisme comprenant de multiples cellules différentes, de multiples fonctions, interférant beaucoup avec son environnement et le modifiant.

PCR : Polymerase Chain Reaction, en anglais, ou Réaction de polymérisation en chaîne permettant de multiplier en cascade les molécules d'ADN en éprouvette, grâce à un thermocycleur et une enzyme résistante à la chaleur. On compte à chaque cycle de l'ordre de la minute trois étapes : hybridation avec les amorces, polymérisation, puis dénaturation (dissociation des brins pour autoriser la réassociation à des amorces) ; à chaque fois, on multiplie le nombre de copies d'ADN par deux.

Pesticides : les pesticides comprennent les insecticides, les herbicides, et les fongicides (toxiques pour les champignons microscopiques), les raticides.

Photosynthèse : réaction propre aux végétaux et à certaines bactéries, qui correspond au fait de pouvoir synthétiser des sucres et de l'oxygène à partir du gaz carbonique et de l'eau.

Plasmides : petits anneaux circulaires d'ADN de quelques milliers de bases connues, qui se trouvent et se reproduisent naturellement dans les bactéries, mais adaptés à leurs besoins par les biologistes moléculaires.

Potentialisateur : molécule n'ayant que peu ou pas d'effet sur une pathologie par elle-même, mais multipliant grandement l'action d'une autre. L'alcool ou certains toxiques n'ont pas d'effet sur l'initiation du cancer par eux-mêmes, mais assurent sa promotion et favorisent grandement l'action des cancérogènes en tuant les cellules saines.

Promoteur : fragment du gène à la longueur difficilement définissable commençant avant la séquence codante du gène (il peut être beaucoup plus long que cette dernière), et se terminant à la première base qui sera transcrite en ARN. Il comporte des séquences servant à lier des protéines qui réguleront la transcription, c'est-à-dire l'expression, l'utilisation du gène.

Protoxine : composé chimique dont l'activation (par une enzyme) donne une toxine.

Purifier : isoler chimiquement.

Recombinante : se dit d'une protéine produite grâce aux biotechnologies, souvent dans un organisme transgénique (même microbien), grâce à un ADN reconstruit avec la séquence codant pour cette protéine, dit recombiné.

Régénérer : former à nouveau un individu à partir de cellules embryonnaires. Reformer en général.

Réplication : reproduction d'une séquence d'ADN identique à elle-même grâce à des enzymes.

Restrictase : enzyme de restriction ou de coupure de l'ADN en un site précis.

Roundup : un des herbicides totaux (ou désherbants) les plus vendus au monde, commercialisé par la compagnie Monsanto. Utilisé avec de nombreux OGM. À base de glyphosate (15 à 85 % du produit selon les formulations) et d'adjuvants secrets permettant une meilleure activité, le Roundup est revendiqué comme un des herbicides les moins toxiques. Cependant, sur les bases de données internationales, de nombreuses publications scientifiques montrent sa rémanence et sa toxicité. Il est connu pour perturber le métabolisme des acides aminés dits aromatiques chez les plantes.

Séquence génétique : suite ordonnée, plus ou moins longue, des bases chimiques formant l'ADN.

Terminateur : séquence génétique rajoutée à la suite d'un transgène pour en indiquer la fin. Voir « Transgène ».

Terminator : complexe de transgènes qui induisent la stérilité de l'organisme qui les reçoit, avec un système de désactivation spécifique. Sorte de brevet biologique contrôlant la reproduction (donc la copie). Il existe plusieurs dizaines de variantes de cette technologie, y compris pour les animaux. Certains pensent que cette méthode doit être mise en place pour limiter la diffusion polluante des plantes génétiquement modifiées. D'autres voient dans Terminator une tentative de faire main basse sur le vivant.

Thérapie génique : médecine qui utilise l'ADN comme médicament pour transformer génétiquement les cellules et fait appel aux recombinaisons génétiques.

Traduction : mécanisme par lequel des ARN, dits messagers, sont décodés pour synthétiser des protéines grâce à la machinerie cellulaire (avec des petites structures appelées ribosomes, ARN de transfert, et des protéines dont des enzymes).

Transcription : mécanisme par lequel les gènes sont copiés en ARN.

Transfection : pénétration d'ADN dans une cellule de manière forcée (voir fig. 3, p. 44).

Transformation (génétique) : intégration de l'ADN étranger au patrimoine génétique héréditaire d'une cellule. Modifications physiologiques qui en découlent. Voir « Transgène ».

Transgène : gène étranger introduit dans l'OGM. Il s'agit très souvent d'une construction génétique de synthèse, faite de morceaux d'ADN provenant de plusieurs organismes (par exemple de virus pour le promoteur, puis de bactérie, de plante ou d'animal).

Transgenèse : processus qui aboutit, par l'insertion de transgène(s) dans un patrimoine génétique d'organisme vivant, à l'obtention d'OGM.

Transgénique (organisme) : OGM. Organisme ayant reçu un ou plusieurs transgènes, gènes extérieurs le plus souvent artificiels.

Transposon : portion d'ADN naturel qui peut être un gène ou un fragment de gène, comportant des séquences répétées et susceptible de se déplacer et/ou se recopier dans le génome. Les transposons participent au vieillissement et à l'évolution. On les appelle plus communément des gènes sauteurs.

Xénobiotiques : littéralement, composés chimiques d'origine étrangère (du grec *xénon*, « chose étrange ») à la vie ; on regroupe sous ce terme des polluants ou résidus de synthèse.

Xénogreffe : greffe d'organe prélevé sur un corps étranger ou un animal d'une autre espèce.

BIBLIOGRAPHIE

Ouvrages

Apoteker, Arnaud, *Du poisson dans les fraises*, La Découverte, 1999.

Aschieri, André, *La France toxique*, La Découverte, 1999.

Aubert, Marie-Hélène, *Les OGM : pour quoi faire ?*, Rapport d'information n° 2538 de l'Assemblée nationale, Paris, 2000.

Auffray, Charles, *Le Génome humain*, Flammarion, coll. « Dominos », 1996.

Barbier, Geneviève et Farrachi, Armand, *La Société cancérigène*, La Martinière, 2004.

Belpomme, Dominique, *Ces maladies créées par l'homme*, Albin Michel, 2004.

Bibeau, Gilles, *Le Québec transgénique*, Boréal, 2004.

Bounias, Michel, *Traité de toxicologie générale*, Springer-Verlag, 1999.

Boyens, Ingeborg, *Les OGM*, Berger, 1999.

Desbrosses, Philippe, *L'Intelligence verte*, Le Rocher, 1997.

–, *L'Agriculture biologique*, Le Rocher, 1998.

Dupont, Yves (dir.), *Dictionnaire des risques*, Armand Colin, 2003.

Houdebine, Louis-Marie, *Le Génie génétique : de l'animal à l'homme ?*, Flammarion, coll. « Dominos », 1996.

Jacquard, Albert, *Les Hommes et leurs gènes*, Flammarion, coll. « Dominos », 1994.

Jordan, Bertrand, *Les Imposteurs de la génétique*, Le Seuil, 2000.

Kahn, Axel (dir.), *Les Plantes transgéniques en agriculture. Dix ans d'expériences de la Commission du génie biomoléculaire*, John Libbey Eurotext, 1996.

Kahn, Axel et Papillon, Fabrice, *Copies conformes, le clonage en question*, NiL, 1998.

Kempf, Hervé, *La Guerre secrète des OGM*, Le Seuil, 2003.

Lannoye, Paul (dir.), *Transgénique : le temps des manipulations*, Frison-Roche, 1998.

Lannoye, Paul et Huss, Jean (dir.), *La Santé empoisonnée*, Frison-Roche, 1998.

Le Deaut, Jean-Yves (dir.), *De la connaissance des gènes à leur utilisation*, OPCST, Rapport n° 1054 de l'Assemblée nationale, n° 545 Sénat, 1998.

Lepage, Corinne, *On ne peut rien faire, Madame le ministre…*, Albin Michel, 1998.

Lepage, Corinne et Guery, François, *La Politique de précaution*, PUF, 2001.

Morange, Michel, *Histoire de la biologie moléculaire*, La Découverte, 1994.

Pelt, Jean-Marie (préf. ouvrage collectif), *Génie génétique, des chercheurs citoyens s'expriment*, Sang de la Terre et Écoropa, 1997.
–, *Plantes et aliments transgéniques*, Fayard, 1998.
–, *La Terre en héritage*, Fayard, 2000.
Pousset, Joseph, *Agricultures sans herbicides*, Agridécisions, 2003
Rifkin, Jeremy, *Le Siècle biotech*, La Découverte, 1998.
Saint Marc, Philippe, *L'Économie barbare*, Frison-Roche, 1994.
Séralini, Gilles-Éric, *L'Évolution de la matière, de la naissance de l'univers à l'ADN*, Pocket Explora, 1994.
–, *Le Sursis de l'espèce humaine*, Belfond, 1997.
–, *Génétiquement incorrect*, Flammarion, 2003.
Testart, Jacques, *Des hommes probables. De la procédure aléatoire à la reproduction normative,* Le Seuil, 1999.

SITES INTERNET

Par : http//www.

En français

afssa.fr : Agence française de sécurité sanitaire des aliments.
agriculture.gouv.fr : ministère de l'Agriculture et CGB, site interministériel sur les OGM et voir aussi dans cette rubrique rapport CGB, contributions personnelles de l'auteur
conseil-economique-et-social.fr, rubrique base documentaire – rapports d'études – publications 1999 – 13a M. Rouvillois et 13b M. Le Fur : La France face au défi des biotechnologies, quels enjeux pour l'avenir ?
crii-gen.org : Comité de recherche et d'information indépendantes sur le génie génétique
cropro.org : Institut canadien pour la protection des cultures
ecoropa.org/patents : appel international contre les brevets sur le vivant
education.gouv.fr : ministère de la Recherche et Commission du génie génétique
gnis.fr : Groupement national interprofessionnel des semences et des plants
greenpeace.fr : Greenpeace, liste des compagnies et des produits disant se passer d'OGM ou pas.
infogm.org : veille citoyenne sur les OGM
inra.fr : Institut national de la recherche agronomique
mdrgf.org : Mouvement pour les droits et les respects des générations futures

ogmdangers.org : réactions sociales contre les OGM
terre-net.com : les différents OGM dans le monde, les chiffres du marché
uipp.org : Union des industries de la protection des plantes
utopies.com : veille responsabilité sociale et environnementale, produits et services éthiques
Les sites des revues scientifiques de vulgarisation et des principaux quotidiens comportent des rubriques OGM compilant leurs articles.

En anglais

aphis.usda.gov/bbep : US Animal Plant Health Inspection Service
biointegrity.org : rapports nord-américains de la FDA questionnant la sécurité des OGM
biodiv.org/biosafety/default.aspx.
biotech-info.net : études de Charles M. Benbrook sur pesticides et OGM.
icgeb.trieste.it : International Centre for Genetic Engineering and Biotechnology
isaaa.org : International Service for the Acquisition of Agri-Biotech Applications, statistiques agricoles internationales
i-sis.org : scientifiques pour un moratoire international sur les OGM
ncbi.nlm.nih.gov : publications médicales et scientifiques par mot clé
pmac.net : observatoire sur la non-réduction des insecticides aux États-Unis
psrast.org/defknfood.htm : risques inhérents au génie génétique pour la consommation des OGM, par des scientifiques.

TABLE DES MATIÈRES

CHAMPS-FLAMMARION

SCIENCES

BARROW John D.
• La Grande Théorie. Les limites d'une explication globale en physique. *n° 319*
BITBOL Michel
• Anti-réalisme et quasi-réalisme en physique. *n° 394*
• Mécanique quantique. Une introduction philosophique. *n° 391*
BRADU Pascal
• L'Univers des plasmas. *n° 496*
BROGLIE Louis de
• Nouvelles perspectives en microphysique. *n° 269*
• La Physique nouvelle et les quanta. *n° 170*
BRUNHES Bernard
• La Dégradation de l'énergie. *n° 251*
CAVALLI-SFORZA Lucas et Francesco
• Qui sommes-nous ? Une histoire de la diversité humaine. *n° 357*
CHAUVET Gilbert
• La Vie dans la matière. Le rôle de l'espace en biologie. *n° 399*
COMBES Claude
• L'Art d'être parasite. *n° 545*
COUTEAU Paul
• Le Grand Escalier. Des quarks aux galaxies. *n° 330*
• Les Rêves de l'infini. *n° 403*
CREVIER Daniel
• À la recherche de l'intelligence artificielle. *n° 428*
DACUNHA-CASTELLE Didier
• Chemins de l'aléatoire. Le hasard et le risque dans la société moderne. *n° 440*
DAVIES Paul
• Les Forces de la nature. *n° 341*
DEBRÉ Patrice
• Louis Pasteur. *n° 386*
DELSEMME Armand, PECKER Jean-Claude, REEVES Hubert
• Pour comprendre l'univers. *n° 234*
DELSEMME Armand
• Les Origines cosmiques de la vie. *n° 363*
DELUMEAU Jean (collectif présenté par)
• Le Savant et la foi. *n° 248*
DENTON Derek
• L'Émergence de la conscience. De l'animal à l'homme. *n° 397*
DENTON Michael
• Évolution. Une théorie en crise. *n° 228*
DINER Simon, FARGUE Daniel, LOCHAK Georges
• L'Objet quantique. *n° 250*
DROUIN Jean-Marc
• L'Écologie et son histoire. Réinventer la nature. *n° 272*
ECCLES John
• Évolution du cerveau et création de la conscience. À la recherche de la vraie nature de l'homme. *n° 294*
EINSTEIN Albert, INFELD Leopold
• L'Évolution des idées en physique. *n° 119*
EINSTEIN Albert
• Comment je vois le monde. *n° 183*
• Conceptions scientifiques. *n° 214*
FRANCK Philippe
• Einstein, sa vie, son temps. *n° 242*
GELL-MANN Murray
• Le Quark et le jaguar. *n° 350*
GLEICK James
• La Théorie du chaos. Vers une nouvelle science. *n° 219*
GRIBBIN John
• À la poursuite du big-bang. *n° 270*
• Le Chat de Schrödinger. Physique quantique et réalité. *n° 312*
HAWKING Stephen
• Commencement du temps et fin de la physique ? *n° 306*
• Une brève histoire du temps. Du big-bang aux trous noirs. *n° 238*
HEISENBERG Werner
• La Partie et le tout. Le monde de la physique atomique. Souvenirs 1920-1965. *n° 215*
HURWIC Anna
• Pierre Curie. *n° 398*
JACQUARD Albert
• Idées vécues. *n° 244*
• La Légende de demain. *n° 481*
• La Légende de la vie. *n° 444*

KLEIN Étienne
- Petit voyage dans le monde des quanta. *n° 557*
- Les Tactiques de Chronos. *n° 572*

KLEIN Étienne, SPIRO Michel (dir.)
- Le Temps et sa flèche. *n° 339*

KUHN Thomas S.
- La Structure des révolutions scientifiques. *n° 115*

LASZLO Pierre
- L'Architecture du vivant. *n° 566*

LEAKEY Richard E., LEWIN Roger
- La Sixième Extinction. Évolution et catastrophes. *n° 426*
- Les Origines de l'homme. *n° 138*

LEHOUCQ Roland
- L'Univers a-t-il une forme ? *n° 562*

LE TREUT Hervé, JANCOVICI Jean-Marc
- L'Effet de serre. Allons-nous changer le climat ? *n° 554*

LINES Malcom E.
- Dites un chiffre. Idées et problèmes mathématiques qui défient notre intelligence. *n° 525*

LOCHAK Georges
- La Géométrisation de la physique. *n° 364*
- Louis de Broglie. Un prince de la science. *n° 337*

LORENZ Konrad
- Les Fondements de l'éthologie. *n° 370*

LOVELOCK James
- La Terre est un être vivant. L'hypothèse Gaïa. *n° 283*

MANDELBROT Benoît
- Fractales, hasard et finance. *n° 382*
- Les Objets fractals. Forme, hasard et dimension. *n° 301*

MERLEAU-PONTY Jacques
- Einstein. *n° 338*

MINSTER Jean-François
- La Machine-Océan. *n° 427*

NEUMANN John von
- L'Ordinateur et le cerveau. Suivi de « Les Machines molles de von Neumann » par Dominique Pignon. *n° 284*

NOTTALE Laurent
- L'Univers et la lumière. *n° 383*

PENROSE Roger
- Les Deux Infinis et l'esprit humain. *n° 495*

PERRIN Jean
- Les Atomes. *n° 225*

PICHOT André
- Histoire de la notion de gène. *n° 423*
- La Société pure. De Darwin à Hitler. *n° 492*

PLANCK Max
- Autobiographie scientifique et derniers écrits. *n° 247*
- Initiations à la physique. *n° 204*

POINCARÉ Henri
- La Science et l'hypothèse. *n° 56*
- La Valeur de la science. *n° 230*

POPPER Karl
- La Connaissance objective. *n° 405*

PRIGOGINE Ilya
- Les Lois du chaos. *n° 369*

PRIGOGINE Ilya, STENGERS Isabelle
- Entre le temps et l'éternité. *n° 262*

REICHHOLF Josef
- L'Émancipation de la vie. *n° 344*
- L'Émergence de l'homme. *n° 273*
- Le Retour des castors. Surprises écologiques. *n° 431*

ROBERT Ladislas
- Les Horloges biologiques. Histoire naturelle du vieillissement : de la cellule à l'homme. *n° 352*
- Le Vieillissement du cerveau. Parkinson, Alzheimer et autres démences. *n° 534*

ROSENFIELD Israel
- L'Invention de la mémoire. *n° 289*

RUFFIÉ Jacques
- De la biologie à la culture. *n° 128 et 129*
- Traité du vivant. *n° 168 et 169*

SAPOVAL Bernard
- Universalités et fractales. *n° 466*

SCHWARTZ Daniel
- Le Jeu de la science et du hasard. La statistique et le vivant. *n° 447*

SELLERI Franco
- Le Grand Débat de la théorie quantique. *n° 293*

SÉRALINI Gilles-Éric
- Ces OGM qui changent le monde. *n° 564*

SERRES Michel
- Les Origines de la géométrie. *n° 331*

SHAPIRO Robert
- L'Origine de la vie. Le sceptique et le gourou. *n° 299*

SMOOT George, DAVIDSON Keay
- Les Rides du temps. L'univers, trois cent mille ans après le big-bang. *n° 346*

STENGERS Isabelle
- L'Invention des sciences modernes. *n° 308*

HISTOIRE

- Le Monde retrouvé de Louis-François Pinagot. Sur les traces d'un inconnu (1798-1876). *n° 504*
- Le Temps, le désir et l'horreur. Essais sur le XIXe siècle. *n° 409*
- Le Territoire du vide. L'Occident et le désir du rivage, 1750-1840. *n° 218*
- Le Village des cannibales. *n° 333*

DAUMARD Adeline
- Les Bourgeois et la bourgeoisie en France depuis 1815. *n° 224*

DAVID Jean-Michel
- La Romanisation de l'Italie. *n° 381*

DIEHL Charles
- La République de Venise. *n° 152*

DUBY Georges
- L'Économie rurale et la vie des campagnes dans l'Occident médiéval. France, Angleterre, Empire, IXe-XVe siècle. Essai de synthèse et perspectives de recherches. *n° 26 et 27*
- L'Europe au Moyen Âge. *n° 146*
- Hommes et structures du Moyen Âge.
  T. I. La société chevaleresque. *n° 181*
  T. II. Seigneurs et paysans. *n° 182*
- Mâle Moyen Âge. De l'amour et autres essais. *n° 216*
- Saint Bernard. L'Art cistercien. *n° 77*

FAIRBANK John King
- La Grande Révolution chinoise. 1800-1985. *n° 380*

FERRO Marc
- La Révolution russe de 1917. *n° 223*

FINLEY Moses I.
- L'Invention de la politique. *n° 305*
- Les Premiers Temps de la Grèce. L'âge du bronze et l'époque archaïque. *n° 85*

FOISIL Madeleine
- Le Sire de Gouberville. Un gentilhomme normand au XVIe siècle. *n° 159*

FURET François
- L'Atelier de l'histoire. *n° 202*

FURET François, OZOUF Mona
- Dictionnaire critique de la Révolution française
  T. I. Événements. *n° 266*
  T. II. Acteurs. *n° 264*
  T. III. Institutions et créations. *n° 265*
  T. IV. Idées. *n° 267*
- Coffret. *n° 263*

FUSTEL DE COULANGES N. Denis
- La Cité antique. *n° 131*

GEARY Patrick J.
- Naissance de la France. Le monde mérovingien. *n° 274*

GEREMEK Bronislaw
- Les Fils de Caïn. *n° 387.*
- Les Marginaux parisiens aux XIVe et XVe siècles. *n° 239*

GERNET Louis
- Anthropologie de la Grèce antique. *n° 105*
- Droit et institutions en Grèce antique. *n° 106*

GINZBURG Carlo
- Les Batailles nocturnes. *n° 135*

GOMEZ Thomas
- L'Invention de l'Amérique. Rêve et réalités de la Conquête. *n° 360*

GOUBERT Pierre
- 100 000 provinciaux au XVIIe siècle. Beauvais et le Beauvaisis de 1600 à 1730. *n° 18*

GRIMAL Pierre
- La Civilisation romaine. *n° 101*
- Virgile ou la Seconde Naissance de Rome. *n° 208*

HANSON Victor Davis
- Carnage et culture. *n° 570*

HELLER Michel
- Histoire de la Russie. *n° 410*

ILIFFE John
- Les Africains. Histoire d'un continent. *n° 499*

IOGNA-PRAT Dominique
- Ordonner et exclure. *n° 553*

JACQUIN Philippe, ROYOT Daniel
- Go West ! *n° 568*

KRAMER Samuel-Noah
- L'Histoire commence à Sumer. *n° 298*

LACOSTE Yves
- La Légende de la terre. *n° 465*

LALOUETTE Claire
- L'Art figuratif dans l'Égypte pharaonique. *n° 326*
- Histoire de l'Égypte pharaonique.
  T. I. Au royaume d'Égypte. Le temps des rois-dieux. *n° 327*
  T. II. Thèbes ou la Naissance d'un empire. *n° 328*
  T. III. L'Empire des Ramsès. *n° 329*
- Contes et récits de l'Égypte ancienne. *n° 536*

LANE Frédéric C.
- Venise, une république maritime. *n° 184*

LAROUI Abdallah
- Islam et Histoire. *n° 452*

LE GOFF Jacques
- La Civilisation de l'Europe médiévale. *n° 47*

LE ROY LADURIE Emmanuel
- Histoire du climat depuis l'an mil. *n° 108 et 122*
- Les Paysans de Languedoc. *n° 7*

LEROY Béatrice
- L'Aventure séfarade. De la péninsule Ibérique à la diaspora. *n° 253*

LEWIS Bernard
- Les Arabes dans l'histoire. *n° 362*
- Juifs en terre d'Islam. *n° 206*

LOMBARD Maurice
- L'Islam dans sa première grandeur. *n° 59*

LUPO Salvatore
- Histoire de la mafia des origines à nos jours. *n° 479*

MAHN-LOT Marianne
- La Découverte de l'Amérique. *n° 249*

MARRUS Michael R.
- L'Holocauste dans l'histoire. *n° 307*

MAYER Arno
- La Persistance de l'Ancien Régime. L'Europe de 1848 à la Grande Guerre. *n° 212*

MILZA Pierre
- L'Europe en chemise noire. *n° 565*
- Fascisme français. Passé et présent. *n° 236*

MOLLAT Michel, WOLFF Philippe
- Les Révolutions populaires en Europe aux XIVe et XVe siècles. *n° 279*

MOSSÉ Claude
- Politique et société en Grèce ancienne. Le « modèle athénien ». *n° 438*

MUCHEMBLED Robert
- Culture populaire et culture des élites dans la France moderne (XVe-XVIIIe siècle). *n° 252*

PERROT Michelle
- Les Femmes ou les silences de l'histoire. *n° 490*
- Les Ombres de l'histoire. Crime et châtiment au XIXe siècle. *n° 531*

RICHET Denis
- La France moderne. L'Esprit des institutions. *n° 86*

ROMANO Ruggiero
- Les Conquistadores. Les mécanismes de la conquête coloniale. *n° 256*

ROSSIAUD Jacques
- La Prostitution médiévale. *n° 217*

SCHMITT Jean-Claude
- Le Saint Lévrier. Guinefort, guérisseur d'enfants depuis le XIIIe siècle. *n° 559*

SCHWALLER DE LUBICZ Isha
- Her-Bak « pois chiche ». Visage vivant de l'ancienne Égypte. *n° 102.*
- Her-Bak, disciple de la sagesse égyptienne. *n° 81.*

SCHWALLER DE LUBICZ R.A.
- Le Miracle égyptien. *n° 31*
- Le Roi de la théocratie pharaonique. *n° 117*

SERGI Giuseppe
- L'Idée de Moyen Âge. Entre sens commun et pratique historique. *n° 448*

SIEYÈS Emmanuel
- Qu'est-ce que le Tiers État ? *n° 196*

SOUTHERN R.W.
- L'Église et la société dans l'Occident médiéval. *n° 379*

STERN Joseph Peter
- Hitler. Le Führer et le peuple. *n° 324*

TOOMASPOEG Kristjan
- Histoire des chevaliers teutoniques. *n° 533*

TUBIANA Maurice
- Histoire de la pensée médicale. Les chemins d'Esculape. *n° 384*

URVOY Dominique
- Averroès. Les ambitions d'un intellectuel musulman. *n° 470*

VALANCE Georges
- Histoire du franc de 1360 à 2002. *n° 414*

VERRIÈRE Jacques
- Genèse de la nation française. *n° 435*

VIDAL-NAQUET Pierre
- La Démocratie grecque vue d'ailleurs. *n° 359*

VINCENT Bernard (dir.)
- Histoire des États-Unis. *n° 376*

VINCENT Bernard
- 1492 « l'année admirable ». *n° 361*

SCIENCES HUMAINES

ABRAHAM Nicolas, TOROK Maria
- L'Écorce et le noyau. *n° 353*
- Le Verbier de l'homme aux loups. Précédé de « Fors » par Jacques Derrida. n° 425

ADORNO Theodor
- Notes sur la littérature. *n° 430.*

ALAIN
- Idées. Introduction à la philosophie de Platon, Descartes, Hegel, Comte. *n° 126*

AMSELLE Jean-Loup
- Vers un multiculturalisme français. L'empire de la coutume. *n° 476*

ANATRELLA Tony
- L'Église et l'amour. *n° 458*
- Non à la société dépressive. *n° 321*
- Le Sexe oublié. n° 278

ARNAULD Antoine, NICOLE Pierre
- La Logique ou l'Art de penser. *n° 40*

ARNHEIM Rudolf
- La Pensée visuelle. *n° 374*

AUBERT Nicole
- Le Culte de l'urgence. *n° 573*

AUGÉ Marc
- Anthropologie des mondes contemporains. *n° 373*

AXLINE Virginia (Dr)
- Dibs. *n° 16*

BADINTER Élisabeth
- L'Amour en plus. Histoire de l'amour maternel (XVIIe-XXe siècle). *n° 100*

BAVEREZ Nicolas
- Raymond Aron. *n° 332*
- Les Trente Piteuses. *n° 412*

BECK Ulrich
- La Société du risque. Sur la voie d'une autre modernité. *n° 546*

BENJAMIN Walter
- Le Concept de critique esthétique dans le romantisme allemand. *n° 494*
- Origine du drame baroque allemand. *n° 455*

BENSLAMA Fethi
- La Psychanalyse à l'épreuve de l'islam. *n° 569*

BERNARD Claude
- Introduction à l'étude de la médecine expérimentale. *n° 137*

BIARDEAU Madeleine
- L'Hindouisme. Anthropologie d'une civilisation. *n° 325*

BODEI Remo
- La Philosophie au XXe siècle. *n° 416*

BORCH-JACOBSEN Mikkel
- Lacan. Le maître absolu. *n° 314*

BRILLAT-SAVARIN
- Physiologie du goût. *n° 109*

CHAGNOLLAUD Dominique, QUERMONNE Jean-Louis
- La Ve République.
  T. I. Le régime politique. *n° 457*
  T. II. Le pouvoir exécutif et l'administration. *n° 473*
  T. III. Le pouvoir législatif et le système des partis. *n° 474*
  T. IV. L'État de droit et la justice. *n° 475*

CHOMSKY Noam
- Langue, linguistique, politique. Dialogues avec Mitsou Ronat. *n° 261*
- Réflexions sur le langage. *n° 46*

CHUVIN Pierre
- La Mythologie grecque. *n° 392*

COHEN Daniel
- Nos Temps modernes. *n° 498*
- Richesse du monde, pauvretés des nations. *n° 415*

COHEN Jean
- Structure du langage poétique. *n° 30*

COLLECTIF
- Le Français dans tous ses états. *n° 502*

DANIÉLOU Alain
- Mythes et dieux de l'Inde. *n° 309*

DARAKI Maria
- Dionysos et la déesse Terre. *n° 311*

DAVY Marie-Madeleine
- Initiation à la symbolique romane (XIIe siècle). *n° 19*

DE WAAL Frans
- De la réconciliation chez les primates. *n° 467*

DELEUZE Gilles, PARNET Claire
- Dialogues. *n° 343*

DELUMEAU Jean (collectif présenté par)
- Le Savant et la foi. *n° 248*

DERRIDA Jacques
- Éperons. Les styles de Nietzsche. *n° 41*
- Heidegger et la question. De l'esprit et autres essais. *n° 235*
- La Vérité en peinture. *n° 57*

DERRIDA Jacques, ROUDINESCO Élisabeth
- De quoi demain… Dialogue. *n° 542*

SOMMIER Isabelle
• Le Renouveau des mouvements contestataires à l'heure de la mondialisation. *n° 550*
SPAEMANN Robert
• Notions fondamentales de morale. *n° 417*
STAROBINSKI Jean
• 1789. Les Emblèmes de la raison. *n° 50*
STEINER George
• Martin Heidegger. *n° 174*
STOETZEL Jean
• La Psychologie sociale. *n° 65*
STRAUSS Léo
• Droit naturel et histoire. *n° 158*
SUN TZU
• L'Art de la guerre. *n° 58*
TAYLOR Charles
• Multiculturalisme. *n° 372*
TISSERON Serge
• Le Mystère de la chambre claire. *n° 443*
• Psychanalyse de la bande dessinée. *n° 472*
TRIGANO Schmuel
• Qu'est-ce que la religion ? *n° 556*
URVOY Dominique
• Les Penseurs libres dans l'Islam classique. *n° 528*
VALADIER Paul
• L'Église en procès. Catholicisme et société moderne. *n° 199*
VALLET Odon
• Les Religions dans le monde. *n° 560*
VALLEUR Marc, MATYSIAK Jean-Claude
• Les Nouvelles Formes d'addiction. L'amour • Le sexe • Les jeux vidéo. *n° 576*
WALLON Henri
• De l'acte à la pensée. *n° 61*
WEBER Max
• L'Éthique protestante et l'esprit du capitalisme. *n° 424*
• Hindouisme et bouddhisme. *n° 539*
WOLTON Dominique
• L'Autre Mondialisation. *n° 558*
• Éloge du grand public. Une théorie critique de la télévision. *n° 276*
• Internet et après ? Une théorie critique des nouveaux médias. *n° 459*
• Naissance de l'Europe démocratique. *n° 371*
• Penser la communication. *n° 413*

ART

ARASSE Daniel
• Le Détail. Pour une histoire rapprochée de la peinture. *n° 624*
ARDENNE Paul
• Un art contextuel. Création artistique en milieu urbain, en situation, d'intervention, de participation. *n° 567*
BALTRUSAITIS Jurgis
• Les Perspectives dépravées.
T. I. Aberrations. *n° 617*
T. II. Anamorphoses. *n° 623*
• Le Moyen Âge fantastique. *n° 603*
• La Quête d'Isis. *n° 628*
BAZAINE Jean
• Le Temps de la peinture (1938-1998). *n° 506*
BONNEFOY Yves
• Rome, 1630. *n° 638*
BRAUDEL Fernand
• Le Modèle italien. *n° 612*
BRUSATIN Manlio
• Histoire de la ligne. *n° 535*
• Histoire des couleurs. *n° 626*
CHASTEL André
• Fables, formes, figures. *n° 642 et 644*
• Introduction à l'histoire de l'art français. *n° 601*
CHRISTIN Anne-Marie
• L'Image écrite ou la Déraison graphique. *n° 25*
DAMISCH Hubert
• Le Jugement de Pâris. *n° 627*
• L'Origine de la perspective. *n° 605*
DIDI-HUBERMAN Georges
• Fra Angelico. Dissemblance et figuration. *n° 618*
DUCHAMP Marcel
• Duchamp du signe. *n° 614*
• Notes. n° 637
FUMAROLI Marc
• L'École du silence. *n° 633*
GRABAR André
• L'Iconoclasme byzantin. *n° 634*
• Les Voies de la création en iconographie chrétienne. *n° 615*
GRABAR Oleg
• La Formation de l'art islamique. *n° 645*
HASKELL Francis
• La Norme et le caprice. *n° 604*

CINÉMA

BIOGRAPHIES

Achevé d'imprimer en octobre 2007
sur les presses de l'imprimerie Maury
45330 Malesherbes

N° d'éditeur : L.01EHQNFH0062.C003
Dépôt légal : octobre 2004.
N° d'impression : 07/10/132346.

Imprimé en France